300 Prüfungsfragen zum Dachdeckermeister
Dritter Teil

Sarastro

300 Prüfungsfragen zum Dachdeckermeister
Dritter Teil

1. Auflage | ISBN: 978-3-86471-585-3

Erscheinungsort: Paderborn, Deutschland

300 Prüfungsfragen im Multiple-Choice-Stil zur Selbstkontrolle zu den betriebswirtschaftlichen Teilen der Dachdeckermeisterprüfung.

300 Prüfungsfragen zum Dachdeckermeister

Dritter Teil

Sarastro

Inhaltsverzeichnis

Inhaltsverzeichnis 1
Vorwort 2
Handlungsfeld: Grundlagen des Rechnungswesens und Controllings 3
Handlungsfeld: Grundlagen wirtschaftlichen Handelns im Betrieb 120
Marketing 120
Personalwesen und Mitarbeiterrechte 132
Rechtliche und steuerliche Grundlagen 143
Gründung / Planung / Organisation 157
Finanzierung 167
Lösungen zu Handlungsfeld: Grundlagen des Rechnungswesens und Controllings 171
Lösungen zu Marketing 222
Lösungen zu Personalwesen und Mitarbeiterrechte 231
Lösungen zu Rechtliche und steuerliche Grundlagen 237
Lösungen zu Gründung / Planung / Organisation 244
Lösungen zur Finanzwirtschaft 253

Vorwort

Der vorliegende Band enthält Prüfungsaufgaben zur Vorbereitung auf den dritten Teil der Prüfung. Die Aufgaben gliedern sich in zwei Arten:

- Multiple-Choice-Aufgaben und
- Textaufgaben

Im hinteren Teil des Buches finden Sie die Lösungen zu den Aufgaben. Wenn nötig, mit Lösungsweg, ansonsten mit der richtigen Antwort.

Das Buch kann nicht der ausschließlichen Prüfungsvorbereitung dienen. Es soll den Leser in die Lage versetzen, eigene Defizite zu entdecken und diese gezielt bearbeiten zu können!

Haben Sie Fragen oder Anregungen? Sie erreichen uns unter info@sarastro-verlag.de

Paderborn im Dezember 2012

Handlungsfeld: Grundlagen des Rechnungswesens und Controllings

Grundlegende Methoden und Instrumente

1. Welche Aussage zur Istkostenrechnung ist richtig?

A: Die Istkostenrechnung eignet sich zur Planung.

B: Die Istkostenrechnung eignet sich für die Nachkalkulation.

C: Änderungen des Beschäftigungsgrades bzw. Preisänderungen wirken sich nachteilig auf die Planung aus.

D: Die Istkalkulation eignet sich gar nicht für Kalkulationszwecke.

2. Welche Aussage zur Normalkostenrechnung ist richtig?

A: Die Normalkostenrechnung stellt einen Durchschnittswert vergangener Perioden dar.

B: Die Normalkostenrechnung eignet sich gut für Prognosezwecke.

C: Die Normalkostenrechnung ist gegenüber der Istkostenrechnung vorteilhafter.

D: Über-/Unterdeckungen werden nicht ausgewiesen.

3. Ermitteln Sie zu folgenden Problemstellungen a) bis b) die Lösungen. a) Ein Sägewerk will die Kosten der Fertigungsstelle Sägen in Abgängigkeit von der Beschäftigung in variable und .... (1) Bestandteile aufspalten. Dazu verwendet er das .... (2)-Verfahren, indem er die Kostendifferenz des ersten Halbjahres im Vergleich zum zweiten Halbjahr des Vorjahres (18620 €) durch die Beschäftigungsdifferenz derselben Zeiträume (980 Stunden) teilt. Der aus den Vorjahreszahlen abgeleitete variable Kostensatz der Fertigungsstelle beträgt..............(3) €/Stunde. b) Ein Industrieunternehmen stellt seine Ergebnisrechnung von Vollkosten- auf Teilkostenrechnung um. Das Unternehmen verrechnet entweder sämtliche Fixkosten in einem Block oder die fixen Kosten werden in produktart-, produktgruppen-, sparten- und unternehmensbezogene Kosten aufgespalten und separat verrechnet. Die erste Form nennt man .... (1) die zweite Form nennt man .... (2) Liegen in einer Abrechnungsperiode keine Bestandsveränderungen und keine aktivierten Eigenleistungen vor, ist das Be-

4

triebsergebnis auf Vollkostenbasis (Bitte setzen Sie eine der folgenden Formulierungen ein: höher als, genauso hoch wie, geringer als).......................(3) das Betriebsergebnis auf Teilkostenbasis.

A: a1) Gemeinkosten   a2) Plankostenverfahren

B: a3) 20

C: b1) Divisionskalkulation

D: b2) mehrstufige DB-Rechung   b3) genauso hoch wie

4. Ermitteln Sie zu folgenden Problemstellungen c) bis e) die Lösungen. c) In einem Einproduktbetrieb entstehen für die Fertigung des Produktes 3,30 €/Stk. an variablen Kosten. Der Verkaufspreis beträgt 5,30 €/Stk. Im laufenden Monat deckt eine Menge von 20.000 Stück gerade die gesamten Kosten; diese Menge wird auch.........................(1) Unter Berücksichtigung der vorgegebenen Zahlen betragen die Fixkosten des Betriebes im laufenden Monat € (2)Bei der angepeilten Menge von 25.000 Stück darf der Betrieb einen Gewinn in Höhe von ...... € (3) erwarten. d) Für die Lösung kurzfristiger Entscheidungsaufgaben eignet sich die Teilkostenrechnung besser als die .... (1). Deshalb setzt man die Teilkostenrechnung z. B. zur Optimierung des kurzfristigen Absatz- und Produktionsprogramms ein. Sofern dabei ein betrieblicher Engpass vorliegt, orientiert man sich am............................. (2) als Entscheidungskriterium zur Beurteilung der Vorteilhaftigkeit der verschiedenen Produkte. Ein weiteres Anwendungsfeld der Teilkostenrechnung zur kurzfristigen Optimierung ist z. B. die............................. (3). e) Einzelkosten werden dem Kostenträger (1) zugerechnet. Dagegen müssen Gemeinkosten mithilfe von (2). verrechnet werden.

A: c1) Break-even-Menge   c2) 40.000

B: c3) 12.000

C: d1) Istkostenrechnung   d2) Deckungsbeitrag   d3) kurzfristige Preisuntergrenze

D: e1) mit Hilfe des BAB   e2) Zuschlagsätzen

5. Aufgrund gestiegener Rohstoffpreise und zunehmendem Wettbewerb sinkt die Gewinnmarge beim Großhändler für Fototechnik. Der Lieferant hat den Listenverkaufspreis für Rohstoffe auf 572 € erhöht und der Großhändler hat den Listenverkaufspreis auf 1097,96 € gesenkt. Stellen Sie fest, wie hoch in der neuen Situation der Gewinn und der Gewinnzuschlag sind. Ver- wenden

Sie für Ihre Berechnungen ein ordnungsgemäßes Kalkulationsschema. Der Großhändler kalkuliert mit den folgenden Größen: Lieferantenrabatt 20% Lieferantenskonto 2% Eingangsfracht, netto 80 € Handlungskostenzuschlag 60% Kundenrabatt 15% Kundenskonto 3%

A: Der Gewinn beträgt 59,75 € und der Gewinnzuschlag beträgt 7,06%.

B: Der Gewinn beträgt 62,4 € und der Gewinnzuschlag beträgt 7,52%.

C: Der Gewinn beträgt 66,5 € und der Gewinnzuschlag beträgt 7,8%.

D: Der Gewinn beträgt 65,47 € und der Gewinnzuschlag beträgt 7,67%.

6. Die Süßwaren GmbH stellt die Pralinenschachteln "Classic", "Favourite" und "Exclusive" her. Im ersten Betriebsmonat ließen sich folgende Mengen absetzen: Classic Favourite Exclusive Absatz im ersten Betriebsmonat (Packungen/Monat) 1.000 600 500 Deckungsbeitrag pro Packung in € 9,00 12,00 8,00 Die Süßwaren GmbH rechnet mit monatlichen Fixkosten von 25.000 €. Ermitteln Sie das Ergebnis im ersten Betriebsmonat.

A: Das Betriebsergebnis beträgt 20.200 €.

B: Das Betriebsergebnis beträgt – 4.800 €.

C: Das Betriebsergebnis beträgt 15.300 €.

D: Das Betriebsergebnis beträgt 2.100 €.

7. Die Süßwaren GmbH stellt Pralinenschachteln "Classic", "Favourite" und "Exclusive" her. Im ersten Betriebsmonat ließen sich folgende Mengen absetzen:

	Classic	Favourite	Exclusive
Absatz im ersten Betriebsmonat (Packungen/Monat)	1.000	600	500
Deckungsbeitrag pro Packung in €	9,00	12,00	8,00

Die Süßwaren GmbH rechnet mit monatlichen Fixkosten von 25.000 €. Da im ersten Monat ein negatives Ergebnis erzielt wurde, plant die Süßwaren-GmbH für den zweiten Betriebsmonat die spezielle Förderung einer der drei Pralinenschachteln. Ihr Ziel ist, den Absatz dieser Packung um 25% zu steigern. Um dieses Ziel zu erreichen, hat die Süßwaren-GmbH die Wahl, entweder für jeden Artikel eine gezielte Werbeaktion für 3.000 € einzusetzen oder den Preis um jeweils 1,50 € je Schachtel zu senken. Ermitteln Sie die einzelnen Auswirkungen dieser Maßnahmen auf das Ergebnis der drei Produkte. Treffen Sie eine begründete Entscheidung.

A: Die Süßwaren GmbH sollte sich für eine Preissenkung bei Favourite entscheiden.

B: Die Süßwaren GmbH sollte eine Werbeaktion für Exclusive durchführen.

C: Die Süßwaren GmbH sollte sich für eine Preissenkung bei Exclusive entscheiden.

D: Die Süßwaren GmbH sollte sich für eine Werbeaktion bei Classic entscheiden.

8. Ein Gemüsehändler bezieht 8.000 kg Tomaten zu 4.900 € netto aus Holland. Der Lieferant gewährt 15% Rabatt und 2% Skonto. Die Bezugskosten ohne Fracht betragen pro 10 kg 0,15 €; die Fracht wird mit insgesamt 905,50 € netto in Rechnung gestellt. Das Unternehmen kalkuliert mit einem Handlungskostenzuschlag von 25%. Die Tomaten werden mit 5% Rabatt, 2% Skonto und 8% Vertreterprovision an den Einzelhandel weiterverkauft. Der dabei erzielte Listenverkaufspreis beträgt 8.400 € netto. Berechnen Sie den Gewinn, den Kalkulationszuschlag, die Handelsspanne und den Kalkulationsfaktor dieses Geschäftes.

A: Die Handelsspanne beträgt 2047,8 €.

B: Der Gewinn beträgt 805,7 €.

C: Der Kalkulationszuschlag beträgt 40,625 %.

D: Der Kalkulationsfaktor beträgt 1,45.

9. Nachfolgende Geschäftsvorfälle der Autowerkstatt sind bezogen auf den Monat Januar des laufenden Jahres zu unterscheiden nach Auszahlungen, Ausgaben, Aufwendungen und/oder Kosten. 1) Die am 19. November des Vorjahres gelieferten Reifen wurden lt. Liefervereinbarung erst am 10. Januar durch einen Scheck über 14.200 € bezahlt. 2) Das Geschäftsführergehalt für den Monat Januar in Höhe von 17.500 € wurde am 28. Januar überwiesen. 3) Im November des Vorjahres wurden 1.200 Stück Zündkerzen zum Durchschnittspreis von 3,20 € pro Stück gekauft und eingelagert. Im Januar werden davon 400 Stück verbraucht. Der kalkulatorische Verrechnungspreis für diesen Artikel liegt bei 3,50 € pro Stück.

A: Bei Fall 1 entsteht ein Aufwand in Höhe von 14.200 €.

B: Bei Fall 2 entsteht nur ein Aufwand von 17.500 und in gleicher Höhe auch Kosten.

C: Bei Fall 3 entstehen Aufwand und Kosten in Höhe von 1.400 €

D: Bei Fall 3 entsteht ein Aufwand in Höhe von 1280 €.

10. Nachfolgende Geschäftsvorfälle der Autowerkstatt sind bezogen auf den Monat Januar des laufenden Jahres zu unterscheiden nach Auszahlungen, Ausgaben, Aufwendungen und/oder Kosten. 1) Am 14. Januar werden Stahlfelgen im Wert von 8.500 € geliefert. Die Rechnung wurde am 30. Januar nur teilweise per Überweisung beglichen; Ende Januar besteht aus dieser Lieferung noch eine Verbindlichkeit in Höhe von 3.500 €. Die Stahlfelgen liegen Ende Januar noch auf Lager. 2) Am 3. Januar wurde für 61.200 € ein neuer Firmenwagen angeschafft. Vereinbarungsgemäß wurden 30.000 € am 10. Januar bezahlt; der Rest soll erst im März beglichen werden. Die monatlichen bilanziellen Abschreibungen betragen linear 850 €. Der Ermittlung der Abschreibungen in der Kostenrechnung liegt eine sechsjährige Nutzungsdauer zugrunde. 3) Die kalkulatorischen Wagnisse wurden im Februar mit 2.400 € verrechnet. Tatsächlich sind keine Risiken betreffend das Anlage- und Umlaufvermögen eingetreten.

A: Bei Fall 1 entsteht ein Aufwand in Höhe von 5.000 €.

B: Bei Fall 1 entsteht eine Ausgabe in Höhe von 8.500 €.

C: Bei Fall 2 entstehen Kosten in Höhe von 30.000 €.

D: In Fall 3 entstehen Auszahlungen in Höhe von 2.400 €.

11. Bezeichnen Sie folgende Begriffe mit den präzisen Begriffen: 1. Kosten, die sowohl fixe als auch variable Bestandteile enthalten. 2. Kosten, die trotz Einzelcharakters auf Kostenstellen gebucht werden. 3. Kosten, denen kein Aufwand gegenübersteht.

A: Die Kosten unter 1. bezeichnet man als echte Gemeinkosten.

B: Die Kosten unter 2. bezeichnet man als unechte Gemeinkosten.

C: Die Kosten unter 3. bezeichnet man als Anderskosten.

D: Die Kosten unter 3. bezeichnet man als Grundkosten.

12. Ein Unternehmen erleidet durch den Konkurs eines langjährigen Kunden einen sehr hohen Forderungsausfall. Dieser wird aus Sicht der Kosten- und Leistungsrechnung erfasst als:

A: kalkulatorische Abschreibungen auf Forderungen.

B: kalkulatorische Wagniskosten für Forderungsausfälle.

C: Aufwand und Ausgabe.

D: Zweckaufwand oder auch Grundkosten.

13. Ein Unternehmen spendet Geld an eine Partei. Es handelt sich um:

A: Zusatzkosten, da diese Kosten zusätzlich anfallen.

B: Zweckaufwand, weil in der Regel mit dieser Spende ein politischer Zweck verfolgt wird.

C: außerordentlichen Aufwand, weil nur selten eine Spende erfolgt.

D: betriebsfremden Aufwand, weil keine Beziehung zur Leistungserstellung gegeben ist.

14. In einem Unternehmen sind folgende Vorgänge aufgezeichnet worden: Am 03.06. treffen Rohstoffe (Holz) von einem Lieferanten für 400 € ein. 200 € sind am 01.05. bereits angezahlt worden, der Rest wird am 02.07. bezahlt. Am 10.07. werden aus dem Holz zwei Tische in der Fertigungsabteilung herge-stellt. Dabei fallen neben den Materialkosten noch Lohnkosten in Höhe von 200 € und sonstige Kosten (Hilfsmaterial, Energie) in Höhe von 50 € an. Das verwendete Hilfsmaterial wurde am 05.07. gekauft, angeliefert und bar be-zahlt. Löhne und Stromrechnung werden am 28.07. durch Banküberweisung beglichen. Am 25.07. und am 04.08. werden die beiden Tische für je 500 € verkauft. Der eine Kunde zahlt am 09.08., der andere Kunde begleicht am 02.09. die Rechnung. Ermitteln Sie die Höhe der Auszahlungen, Ausgaben, Aufwendungen, Kosten, Einzahlungen, Einnahmen, Erträge und Leistungen für die Monate Mai, Juni, Juli, August und September. Markieren Sie dann die richtige Aussage:

A: Die Bezahlung der Tische im August und September führt zu einer Einnah-me.

B: Im September liegen Einzahlungen und Erträge vor.

C: Der zweite Tisch wird im Juli ins Lager eingestellt und zum Verkaufspreis bewertet.

D: Der Aufwand im Monat Juli beträgt insgesamt 650 €.

15. Welche Antwort ist richtig?

A: Der kalkulatorische Unternehmerlohn gehört zu den Grundkosten.

B: Bilanzgewinn und Betriebsergebnis sind immer gleich hoch.

C: Unter kalkulatorische Wagnisse fällt lediglich das allgemeine Unternehmerwagnis.

D: Zweckaufwand und Grundkosten sind immer gleich hoch.

16. Welche Aussage ist richtig?

A: Erstellt ein Unternehmen eine Maschine für den eigenen Betrieb, so handelt es sich um keine Einnahme, aber um einen Ertrag.

B: Bezahlt ein Kunde eine Rechnung aus 2007 erst im Jahr 2008, so handelt es sich in 2008 um einen Ertrag, da die Einzahlung erst jetzt realisiert worden ist.

C: Werden Rohstoffe zur Erhöhung des Lagerbestandes bezogen, so handelt es sich um eine Ausgabe und einen Aufwand.

D: Ein Unternehmen bestellt Rohstoffe bei einem Zulieferer. Da eine Bestellung vorliegt, ist eine Auszahlung und eine Ausgabe gegeben.

17. Welche Aussage ist richtig?

A: Neutrale Aufwendungen sind betriebsfremd, periodenfremd oder außerordentlich.

B: Die Begriffe Bilanzgewinn und Betriebsergebnis sind identisch.

C: Anderskosten sind betriebsfremd.

D: Zweckaufwand und Grundkosten sind nicht immer gleich hoch.

18. Welche Aussage ist richtig?

A: Erstellt ein Unternehmen eine Maschine für den eigenen Betrieb, so handelt es sich um keine Einnahme, aber um einen Ertrag.

B: Bezahlt ein Kunde eine Rechnung aus 2007 erst im Jahr 2008, so handelt es sich in 2008 um einen Ertrag, da die Einzahlung erst jetzt realisiert worden ist.

C: Werden Rohstoffe zur Erhöhung des Lagerbestandes bezogen, so handelt es sich um eine Ausgabe und einen Aufwand.

D: Ein Unternehmen bestellt Rohstoffe bei einem Zulieferer. Da eine Bestellung vorliegt, ist eine Auszahlung, eine Ausgabe und ein Aufwand gegeben.

19. Welche Aussage zu einem Uhrenhersteller ist richtig?

A: Am 02.12.07 werden bei einem Zulieferer 1 Million Batterien bestellt aber noch nicht geliefert: Es handelt sich um eine Ausgabe.

B: Im Laufe des Monats Dezember 07 werden 1 Million Uhren produziert. Sie müssen auf Lager genommen werden, da die Batterien noch fehlen. Die Produktion der Uhren ist Zweckaufwand. Die produzierten Uhren werden zu Herstellkosten aktiviert (Zweckertrag).

C: Die bestellten und am 3.1.08 gelieferten Batterien werden am 17.02.08 bezahlt: Es handelt sich um eine Auszahlung und eine Ausgabe.

D: Der Controller setzt für den Monat Februar 08 Miete für eine Lagerhalle an, die Eigentum des Unternehmens ist. Die Miete für die eigene Lagerhalle wird in den Grundkosten erfasst.

20. Welche der folgenden Aussagen ist richtig?

A: Der Bilanzgewinn ist immer höher als das Betriebsergebnis.

B: Umsatz und Ertrag sind immer gleich hoch.

C: Der Bilanzgewinn dient primär externen Adressaten zur Beurteilung des Unternehmens, während das Betriebsergebnis der internen Beurteilung und Steuerung der Wirtschaftlichkeit der Leistungserstellung im betrieblichen Bereich dient.

D: Bilanzgewinn und Betriebsergebnis sind immer gleich hoch.

21. Welches Kriterium zur Einteilung von Kostenarten berücksichtigt unmittelbar das Verursachungsprinzip? Einteilung der Kostenarten nach:

A: Art der verbrauchten Produktionsfaktoren.

B: der Herkunft

C: Zurechenbarkeit

D: Art des Verhaltens bei Variation einer Kosteneinflussgröße.

22. Die Zuverlässig GmbH leistet in den letzten 3 Jahren Zahlungen in Höhe von durchschnittlich 6.400 € pro Jahr aufgrund berechtigter Gewährleistungsansprüche. Zusätzlich wurden im gleichen Zeitraum Rechnungen für freiwillige Kulanzregelungen in Höhe von durchschnittlich 2.800 € pro Jahr beglichen. Weiterhin fielen in der Produktion in den letzten sechs Jahren insgesamt 51.450 € für Reperaturen an, die unabhängig von der Produktionsmenge durch unsachgemäße Bedienung von Maschinen entstanden sind. Die Umsatzerlöse betrugen während der letzten 3 Jahre insgesamt 1.380.000 €. Für das nachfolgende Geschäftsjahr 07 wird mit einem Umsatz in Höhe von 512.400 € gerechnet.

A: Ein spezielles Einzelwagnis kann in der Kostenrechnung berücksichtigt werden, wenn die Wagniskosten in Höhe und Zeitpunkt ihres Anfalls bestimmt sind, die Verluste abschätzbar sind und die Kosten über einer Fühlbarkeitsschwelle liegen.

B: Die Kosten für Gewährleistung und Kulanz sind umsatzunabhängig. Deshalb betragen die kalkulatorischen Wagniskosten für Gewährleistung und Kulanz im Jahr 07 wie in den Vorjahren 9.200 €.

C: Insgesamt betragen die kalkulatorischen Wagniskosten für das Jahr 07 18.823 €.

D: Die kalkulatorischen Wagniskosten für Reperaturen betragen für das Jahr 07 8.200 €.

23. Im letzten Jahr hatte ein Unternehmen bei einem Gesamtumsatz von 25 Mio. €, davon 30% auf Ziel, insgesamt 75.000 € Forderungsverluste erlitten. Für das nächste Jahr wird mit Zielverkäufen von 3 Mio. € gerechnet. Welche Aussage ist richtig?

A: Der kalkulatorische Wagniszuschlag beträgt 0,3% auf die Zielverkäufe.

B: Die kalkulatorischen Wagniskosten für das nächste Jahr betragen 30.000 €.

C: Die kalkulatorischen Wagniskosten für das nächste Jahr betragen 10.000 €.

D: Die kalkulatorischen Wagniskosten für das nächste Jahr betragen 3.000 €.

24. Am 01.01.06 kauft die ABC-GmbH eine Maschine. Der Anschaffungspreis beträgt 159.100 €. Der Restwert am Ende der voraussichtlichen 6-jährigen Nutzungsdauer beträgt 10.000 €. Die Maschine wird arithmetisch-degressiv abgeschrieben.

A: Die kalkulatorische Abschreibung für das Jahr 06 beträgt 42.600 €.

B: Die kalkulatorische Abschreibung für das Jahr 06 beträgt 7.100 €.

C: Die kalkulatorische Abschreibung für das Jahr 06 beträgt 24.850 €.

D: Die lineare Abschreibungsmethode führt im Zeitablauf zu fallenden Abschreibungsbeträgen.

25. Bei der Bustouristik GmbH werden Busse gleicher Art in einer Kostenstelle zusammengefasst. In der Kostenstelle „Luxusliner" werden die Kosten von einem Reisebus erfasst, der zu Beginn dieses Jahres angeschafft worden ist. Aus der Anlagenkartei gehen folgende Angaben hervor: Anschaffungskosten: 320.000 € Nutzungsdauer: 5 Jahre geplante Laufleistung 1. Halbjahr: 12.500 km geplante Laufleistung 2. Halbjahr: 7.500 km betriebsindividuelle Laufleistung: 320.000 km steuerlich anerkannte Laufleistung: 400.000 km Berechnen Sie die kalkulatorischen Abschreibungen und die Restbuchwerte für das 1. und 2. Halbjahr sowie die kalkulatorischen Zinsen für das 1. Halbjahr nach dem Verfahren der "Durchschnittswertverzinsung"und für das 2. Halbjahr nach dem Verfahren der "Restwertverzinsung" jeweils mit einem Zinssatz von 10%.

A: Die kalkulatorischen Zinsen nach der Durchschnittswertverzinzung ergeben sich aus der Summe aus Anfangs- und Endbuchwert dividiert durch 2 und mit dem Zinssatz multipliziert. Die kalkulatorischen Zinsen nach der Restbuchwertverzinsung ergeben sich aus den Anschaffungskosten bzw. Herstellungskosten dividiert durch 2 und multipliziert mit dem Zinssatz.

B: Die lineare Abschreibungsmethode ist sehr geeignet für diesen Fall.

C: Die kalkulatorische Abschreibung für das 1. Halbjahr beträgt 12.500 €, für das 2. Halbjahr 7.500 €.

D: Die kalkulatorischen Zinsen betragen 15687,50 € für das 1. Halbjahr und 7.687,50 € für das 2. Halbjahr.

26. Die X-AG kauft am 03.01.07 eine Maschine, die am 17.01.07 geliefert und am 20.01.07 betriebsfertig installiert wird. Die Maschine dient der Produktion eines Modeartikels. Für diesen Artikel wurde eine Lizenz mit einer Laufzeit von 9 Jahren erworben. Danach darf das Produkt nicht mehr hergestellt werden. Die Maschine hat eine Nutzungsdauer von 10 Jahren und pro Jahr können 11.000 Stück maximal hergestellt werden. Im ersten Jahr wird das Absatzvolumen voraussichtlich 10.000 Stück betragen. Danach nimmt der Absatz jährlich um 1.250 Stück ab. Anschaffungswert der Maschine: 1.400.000 € Transportkosten: 40.000 € Montage: 30.000 € einmalige Lizenzgebühr: 50.000 € Ermitteln Sie die kalkulatorische, leistungsabhängige Abschreibung der einzelnen Nutzungsjahre und markieren Sie die richtigen Aussagen:

A: Die Gesamtleistung der Maschine beträgt 110.000 Stück.

B: Die kalkulatorische Abschreibung soll eine verbrauchsbedingte Abschreibung darstellen, die unabhängig von bilanzpolitischen, handelsrechtlichen oder steuerrechtlichen

Erwägungen ist. Deshalb ist auch im 10. Jahr der Nutzungsdauer eine kalkulatorische Abschreibung nötig.

C: Die Abschreibung je Stück errechnet sich aus dem Quotienten aus Anschaffungskosten durch Gesamtleistung der Maschine und beträgt gerundet 33,78 €.

D: Obwohl die Lizenz für 9 Jahre gilt, wird im 9. Jahr nichts produziert. Trotzdem ist eine kalkulatorische Abschreibung zu bilden.

27. Ein Logistikunternehmen erwirbt einen neuen Kleintransporter zu Anschaffungskosten von 52.434 €, der nach einem Nutzungsjahr wieder veräußert werden soll. Nach den Erfahrungswerten beträgt der Restwert dieses Modells nach einem Jahr 42.734 € bei einer zurückgelegten Fahrleistung von 60.000 km bzw. 46.334 € bei einer zurückgelegten Fahrleistung von 30.000 km. Es ist zu unterstellen, dass diese Restwerte den Werteverzehr des Kleintransporters hinreichend genau beschreiben. Das Logistikunternehmen will den neuen Transporter im kommenden Jahr über 42.000 km nutzen. Die Abschreibung (Anschaffungskosten erneut 52.434 €) soll sich aus einem fixen und einem variablen Teil zusammensetzen. Berechnen Sie den variablen Abschreibungssatz (in €/km) und die erwarteten variablen Abschreibungen auf den Transporter im kommenden Jahr.

A: Der variable Abschreibungssatz beträgt 0,16 € / km und die gesamten variablen Abschreibung betragen 6.790 €

B: Der variable Abschreibungssatz beträgt 0,20 € / km und die gesamten variablen Abschreibung betragen 8.540 €

C: Der variable Abschreibungssatz beträgt 0,20 € / km und die gesamten variablen Abschreibung betragen 6.790 €

D: Der variable Abschreibungssatz beträgt 0,12 € / km und die gesamten variablen Abschreibung betragen 5.040 €

28. Ein Logistikunternehmen erwirbt einen neuen Kleintransporter zu Anschaffungskosten von 52.434 €, der nach einem Nutzungsjahr wieder veräußert werden soll. Nach den Erfahrungswerten beträgt der Restwert dieses Modells nach einem Jahr 42.734 € bei einer zurückgelegten Fahrleistung von 60.000 km bzw. 46.334 € bei einer zurückgelegten Fahrleistung von 30.000 km. Es ist zu unterstellen, dass diese Restwerte den Werteverzehr des Kleintransporters hinreichend genau beschreiben. Das Logistikunternehmen will den neuen Transporter im kommenden Jahr über 42.000 km nutzen. Die Abschreibung (Anschaffungskosten erneut 52.434 €) soll sich aus einem fixen und einem variablen Teil zusammensetzen. Berechnen Sie die fixen Abschreibungen und den zu erwartenden kalkulatorischen Restwert des Transporters nach einem Jahr bei der geplanten Fahrleistung von 42.000 km.

A: Die fixe Abschreibung beträgt 3.000 € und der Restwert beträgt 4.389 €.

B: Die fixe Abschreibung beträgt 2.000 € und der Restwert beträgt 5.394 €.

C: Die fixe Abschreibung beträgt 2.500 € und der Restwert beträgt 4.894 €.

D: Die fixe Abschreibung beträgt 2.250 € und der Restwert beträgt 5.144 €.

29. Ein Logistikunternehmen hat vor drei Jahren einen LKW angeschafft. Der Listenpreis einschließlich 19% Umsatzsteuer betrug 120.190 €; das Logistikunternehmen handelte einen Preisnachlass von 8% auf den Listenpreis aus. Die Nebenkosten für Überführung und Zulassung lagen bei netto 2.080 €. Zum Anschaffungszeitpunkt lag der Index der Wiederbeschaffungswerte bei 1,080. Bis zum laufenden Jahr ist der Index auf 1,296 angestiegen. Die AfA-Tabellen des Bundesfinanzministers sehen für Fahrzeuge dieses Typs einen Abschreibungszeitraum von (mindestens) 8 Jahren vor. Die übliche betriebsgewöhnliche Nutzungsdauer liegt bei 10 Jahren. Berechnen Sie den Wiederbeschaffungswert des LKWs und die kalkulatorischen Abschreibungen im laufenden Jahr bei linearer Abschreibung.

A: Die kalkulatorische Abschreibung beträgt 11.400 €.

B: Die kalkulatorische Abschreibung beträgt 14.250 €.

C: Die kalkulatorische Abschreibung beträgt 12.200 €.

D: Die kalkulatorische Abschreibung beträgt 10.566 €.

30. Eine Maschine der A-AG ist im Jahr 2005 bilanziell vollständig abgeschrieben worden. Die Maschine wird jedoch für weitere 2 Jahre zur Produktion genutzt. Welche Aussage ist richtig?

A: Kalkulatorische Abschreibungen sind auch in den Jahren 2006 und 2007 zu berücksichtigen, da die Preiskalkulation der A-AG sonst auf einer falschen Kostenbasis basiert und die Produkte zu teuer angeboten werden.

B: Kalkulatorische Abschreibungen sind auch in den Jahren 2006 und 2007 zu berücksichtigen, da die Preiskalkulation der A-AG sonst auf einer falschen Kostenbasis basiert und die Produkte zu billig angeboten werden.

C: Kalkulatorische Abschreibungen dürfen in den Jahren 2006 und 2007 nicht mehr vorgenommen werden, da die Maschine vollständig abgeschrieben ist.

D: Bilanziell wird die Maschine weiter abgeschrieben. Der negative Buchwert wird verrechnet mit den Anschaffungskosten der nächsten Maschine.

31. Eine Maschine wird am 01.01.01 beschafft. Sie wird linear auf Basis des Anschaffungspreises abgeschrieben. Der Anschaffungspreis beträgt 126.000 €. Sie schätzen, dass die Maschine bis zum 31.12.10 genutzt wird. Am 31.12.10 wird der Restwert der Maschine 0 € betragen. Am 01.01.07 stellen Sie fest, dass Sie sich mit der Nutzungsdauer verschätzt haben. Die Nutzung der Maschine kann nur bis zum 31.12.08 erfolgen. Welche Aussage ist richtig?

A: Die lineare Abschreibungsmethode führt immer zu höheren Abschreibungsbeträgen als die geometrisch-degressive Abschreibungsmethode.

B: Die kalkulatorische Abschreibung im Jahr 07 beträgt 15.750 €.

C: Die kalkulatorische Abschreibung im Jahr 07 beträgt 12.600 €.

D: Auch in der Kosten- und Leistungsrechnung muss eine außerplanmäßige Abschreibung nach Handelsrecht im Jahr 07 berücksichtigt werden.

32. Welche Ausgangswerten werden für die Abschreibungen in der Finanzbuchhaltung und in der Kostenrechnung zugrunde gelegt?

A: Für die Abschreibung in der Kostenrechnung werden der Anschaffungspreis und die Nutzungsdauer der AfA-Tabellen zugrunde gelegt.

B: Für die Abschreibung in der Kostenrechnung werden der Wiederbeschaffungspreis und die Nutzungsdauer der AfA-Tabellen zugrunde gelegt.

C: Für die Abschreibung in der Kostenrechnung werden der Wiederbeschaffungspreis und die betriebsgewöhnliche Nutzungsdauer zugrunde gelegt.

D: Für die Abschreibung in der Finanzbuchhaltung werden der Wiederbeschaffungspreis und die Nutzungsdauer der AfA-Tabellen zugrunde gelegt.

33. Welche Aussage ist richtig?

A: Die kalkulatorische Abschreibung orientiert sich immer an den Anschaffungs- und Herstellkosten.

B: Bilanzielle Nutzungsdauer und kalkulatorische Nutzungsdauer sind immer gleich.

C: Einen Restwert sollte man nur berücksichtigen wenn die Erzielung dieses Betrags als sicher gilt.

D: Ein angegebener Restwert eines Vermögensgegenstands wird bei der Berechnung kalkulatorischen Abschreibungen immer außer Acht gelassen.

34. Markieren Sie die richtige Aussage:

A: Verbindlichkeiten aus Lieferung und Leistung werden als Abzugskapital vom betrieblich notwendigem Vermögen abgezogen, da sie zinsfrei zur Verfügung stehen.

B: Die kalkulatorischen Zinsen sind mit den pagatorischen Fremdkapitalzinsen identisch.

C: Es gibt kein Abzugskapital, wohl aber Berechtigungsvermögen, um Doppelverzinsung zu vermeiden.

D: Verbindlichkeiten aus Lieferung und Leistung werden als Abzugskapital vom betrieblich notwendigem Vermögen abgezogen, wenn Skonto in Anspruch genommen werden konnte.

35. Die Spielzeug-GmbH stellt Werbegeschenke für einen Messestand her. An variablen Kosten fallen je 1.000 Stk. 48 € variable Kosten an. Außerdem fallen monatlich 57.600 € fixe Kosten für Mitarbeiter, Mieten, Abschreibungen usw. an. Die Kapazität liegt bei 960.000 Stück pro Monat. Wegen zunehmender Messetätigkeit wird die Kapazität auf monatlich 1.680.000 Stück Werbegeschenke erweitert. Für zusätzliche Anlagen, fest angestellte Mitarbeiter usw. steigen die Fixkosten je Monat um 43.200 €. Ermitteln Sie die variablen Kosten, die Gesamtkosten und die Stückkosten nach erfolgter Kapazitätserweiterung bei 1.400.000 Stück und 1.680.000 Stück.

A: Bei einer Beschäftigung von 1.400.000 entstehen Kv = 67.600 €; GK = 169.000 € und Stk.Kosten für 1000 Stk. = 124 €.

B: Bei einer Beschäftigung von 1.400.000 entstehen Kv = 66.200 €; GK = 167.000 € und Stk.Kosten für 1000 Stk. = 122 €.

C: Bei einer Beschäftigung von 1.680.000 entstehen Kv = 81.640 €; GK = 183.270 € und Stk.Kosten für 1000 Stk. = 109 €.

D: Bei einer Beschäftigung von 1.680.000 entstehen Kv = 80.640 €; GK = 181.440 € und Stk.Kosten für 1000 Stk. = 108 €.

36 Die Spielzeug-GmbH stellt Werbegeschenke für einen Messestand her. An variablen Kosten fallen je 1.000 Stk. 48 € variable Kosten an. Außerdem fallen monatlich 57.600 € fixe Kosten für Mitarbeiter, Mieten, Abschreibungen usw. an. Die Kapazität liegt bei 960.000 Stück Werbegeschenken pro Monat. Berechnen Sie die variablen Kosten und die Gesamtkosten je Monat sowie die Stückkosten je 1.000 Stück für eine Beschäftigung von 160.000, 320.000, 480.000, 640.000, 800.000 und 960.000 Stück Werbegeschenken.

A: Bei einer Beschäftigung von 320.000 fallen an Kv = 7860 €; GK = 65.330 €, 1000 Stk = 410 €.

B: Bei einer Beschäftigung von 800.000 fallen an Kv = 38.400 €; GK = 96.000 €, 1000Stk = 120 €.

C: Bei einer Beschäftigung von 960.000 fallen an Kv = 46.800 €; GK = 102.720 €, 1000 Stk = 110 €.

D: Bei einer Beschäftigung von 640.000 fallen an Kv = 32.720 €; GK = 88.450 €, Stk = 138 €.

37. Bei einem Lebensmittelhersteller fallen in der Kostenstelle Flaschenabfüllung die in der nachfolgenden Tabelle aufgeführten Kostenarten an. Entscheiden Sie, ob es sich um fixe bzw. um variable Kosten handelt.

A: Hilfslöhne sind variable Kosten.

B: Leistungsabhängige Abschreibungen auf die Abfüllanlage sind Fixkosten.

C: Versicherungen und das Gehalt des Braumeisters sind Fixkosten.

D: Flaschenetiketten sind Fixkosten.

38. Die Spielzeug-GmbH stellt Werbegeschenke für einen Messestand her. An variablen Kosten fallen je 1.000 Stück 48 € variable Kosten an. Aufgrund einer Kapazitätserweiterung auf 1.680.000 Stück betragen die Fixkosten nun 100.800 € Ein Jahr nach der Kapazitätserweiterung findet eine wichtige Messe nicht statt, so dass nur noch 960.000 Werbegeschenke produziert werden sollen. Berechnen Sie für die neue Menge die Gesamtkosten je Monat und die Stückkosten je 1.000 Stück.

A: Die Gesamtkosten betragen 149.800 €.

B: Die Stückkosten je 1000 Stk. betragen 135 €.

C: Die Stückkosten je 1000 Stk. betragen 148 €.

D: Die Gesamtkosten betragen 146.880 €.

39. Die Gesamtkosten für den Druck eines Skriptes sind abhängig von der Seitenzahl und der Auflagenhöhe. Hierbei sind folgende Kosten beobachtet worden:

Seiten pro Skript	200	150	150	200
Auflagenhöhe	200	400	600	600
Gesamtkosten	1700	2400	3400	4300

Weiterhin sind folgende Informationen gegeben: • Die variablen Kosten pro Seite sind unabhängig von der Auflagenhöhe konstant. • Die auflagenfixen Kosten sind bis zu einer Auflage von 200 Stück konstant, danach steigen sie immer nach jeweils 200 Stück um einen gleichbleibenden Betrag an (sprungfixe Kosten). Berechnen Sie die variablen Kosten pro Seite und die auflagenfixen Kosten.

A: Die auflagenfixen Kosten betragen 500 €.

B: Die auflagenfixen Kosten betragen 400 €.

C: Die variablen Kosten pro Seite betragen 0,02 €.

D: Die variablen Kosten pro Seite betragen 0,04 €.

40. Die Produktion von 200 Stück Kombizangen führte im Mai zu Gesamtkosten in Höhe von 10.950 €. Im Juni dagegen wurden 270 Stück produziert, wobei (bei linearem Kostenverlauf) Gesamtkosten in Höhe von 12.000 € zu verzeichnen waren. Ermitteln Sie die Fixkosten und variable Kosten pro Stück!

A: Eine Stilllegung der Produktion im Juli führt zu Kosten in Höhe von 6.000 €.

B: Die variablen Kosten pro Stück betragen 15 €.

C: Die variablen Kosten pro Stück betragen 16 €.

D: Die Fixkosten betragen 7.500 €.

41. Die Produktion von 250 Stück Kombizangen führte zu Gesamtkosten im Monat Oktober von 13.000 €. Im November wurden aufgrund steigender Nachfrage 400 Stück produziert bei variablen Gesamtkosten von 8.000 €. Der Kostenverlauf ist linear. Welche Aussage ist richtig?

A: Eine Stilllegung der Produktion im Monat Dezember führt zu keinen Kosten.

B: Die fixen Gesamtkosten betragen 8.000 €.

C: Fixe Kosten fallen bei der Produktion der Kombizangen nicht an.

D: Die variablen Stückkosten betragen 22 € je Stück.

42. Ein Kopiercenter betrachtet folgende Entwicklung seiner Kosten:

Kopienzahl	5.000	10.000	20.000	30.000	40.000	50.000
Gesamtkosten	1.700	2.200	3.200	4.200	6.400	7.400

Berechnen Sie die Größen: fixe Gesamtkosten, variable Gesamtkosten, fixe Stückkosten, variable Stückkosten. Die variablen Kosten pro Stück sind über die gesamte Kopienzahlen konstant!

A: Die variablen Gesamtkosten betragen bei 30.000 Kopien 3.000 €.

B: Beim Wechsel von 30.000 Kopien auf 40.000 Kopien entstehen sprungfixe Gesamtkosten in Höhe von 500 €.

C: Die fixen Gesamtkosten betragen bis 30.000 Kopien 1.500 €.

D: Die fixen Stückkosten sind bei 50.000 Kopien genauso hoch wie bei 30.000 Kopien.

43. Ein Sägewerk beschafft eine neue Spezialmaschine. In der Kostenrechnung wurden die Gesamtkosten bereits ermittelt. Kostenart € pro Monat Kalk. Abschreibung 1.458,33 € Kalk. Zinsen 787,5 € Instandhaltung/Rep. 650 € Miete 1620 € Energiegrundgebühr 80 € Energieverbrauch 270 € Betriebsstoffkosten 280 € gesamt 5145,83 Trennen Sie die Gesamtkosten je Kostenart in fixe und variable Bestandteile: Unter den aufgeführten Kosten gelten als fixe Kosten: 50% der Abschreibungen, 40% der Instandhaltungs-/Reparaturkosten, die Grundgebühr in voller Höhe, die kalkulatorischen Zinsen in voller Höhe, die Platzkosten in voller Höhe.

A: Bei der Instandhaltung/Reparatur sind 260 € fixe und 390 € variabele Kosten.

B: Bei der Energiegebühr sind 100 € fixe und 60 € variable Kosten.

C: Bei der Miete handelt es sich vollständig um variable Kosten.

D: Bei der Energiegrundgebühr sind 60 € fixe und 20 € variable Kosten.

44. Ein Unternehmen produziert mit der Schweißmaschine (Anschaffungskosten 260.000 €) Spezialteile für landwirtschaftliche Maschinen. Es handelt sich um einen Drei-Schicht-Betrieb, in dem die Beschäftigung im letzten Halbjahr bei durchschnittlich 400 Schweißstunden pro Monat lag. Für die Auflösung der Mischkosten liegen folgende Kosteninformationen vor, die zusammen mit den anderen angegebenen Kostenarten die Gesamtkostenfunktion der Schweißmaschine ergeben: -Die Fertigungslöhne für Maschinenbediener betragen 12 € pro Stunde. -Die Hilfslöhne für Einrichter betragen 10,48 € pro Stunde. Es werden 42 Stunden bei 400 Schweißstunden benötigt. -Die Sozialkosten betragen 40 % der Bruttolohnsumme. -Die kalkulatorischen Abschreibungen basieren auf Wiederbeschaffungswerten. Der Wiederbeschaffungswertindex im Anschaffungsjahr betrug 104 %, im laufenden Jahr beträgt er 108 %. Die voraussichtliche Nutzungsdauer wird auf acht Jahre geschätzt. Es ist weiterhin ein Liquidationserlös von 30.000 € am Ende der Nutzungsdauer zu berücksichtigen. -Der Zinssatz der kalkulatorischen Zinsen beträgt 8 % p. a. -Die Energiekosten wurden anhand von Verbrauchsstudien ermittelt. Pro Maschinenstunde werden 20 kW Strom verbraucht. Der Preis für eine kWh beträgt 0,11 €. -Der innerbetriebliche Verrechnungssatz für die Raumkosten beträgt 4

€/qm monatlich. Die Nutzfläche der Maschine beträgt 55 qm. -Die Kosten für Betriebsstoffe betragen nach detaillierten Aufzeichnungen 140 € bei 240 Stunden bzw. 172 € bei 400 Stunden Laufzeit im Monat. -Für laufende Wartung werden 150 € monatlich und je Reparaturstunde 32 € verrechnet. Bei einer Beschäftigung von 400 Stunden pro Monat werden 35 Reparaturstunden geplant. Ermitteln Sie aus diesen Angaben in der untenstehenden Tabelle die Fixkosten bezogen auf den Monat und die variablen Kosten bezogen auf die Maschinenstunde. Bilden Sie anschließend die Gesamtkostenfunktion.

A: Die variablen Kosten je h betragen 22,36 €.

B: Die Fixkosten betragen je Monat 3.728,66 €.

C: Die Fixkosten betragen je Monat 3.728,66 €.

D: Die Fixkosten betragen je Monat 3.879,66 €.

45. Gegeben ist eine lineare Kostenfunktion. Für die Herstellung eines Produktes entstehen bei einer Ausbringungsmenge von 1.250 Stück Gesamtkosten von 20.000 €. Bei der Produktion von 1.750 Stück fallen Gesamtkosten in Höhe von 27.500 € an.

A: Die variablen Kosten pro Stück betragen 14 €.

B: Die fixen Kosten betragen 1.750 €.

C: Die variablen Kosten pro Stück betragen 15 €.

D: Da nur Gesamtkosten angegeben werden, ist eine Aufspaltung in fixe und variable Kosten nicht möglich.

46. In der Kostenrechnung eines Fahrradherstellers wird eine Kostenanalyse durchgeführt. Im ersten Halbjahr 2007 wurde eine Beschäftigung von 6.320 Maschinenstunden bei Kosten in Höhe von 410.800 € festgestellt. Im zweiten Halbjahr stieg die Beschäftigung auf 8.270 Maschinenstunden und die Kosten stiegen auf 448.825 €. Bestimmen Sie für die Endmontage die Höhe der Fixkosten je Halbjahr und den variablen Kostensatz je Maschinenstunde mithilfe der Kostenspaltung nach dem Differenzen-Quotienten-Verfahren. Formulieren Sie anschließend die Kostenfunktion je Halbjahr.

A: Die Fixkosten betragen 288.760 €.

B: Die Fixkosten betragen 287.560 €.

C: Die Fixkosten betragen 288.250 €.

D: Die Fixkosten betragen 287.340 €.

47. In der Sicher - GmbH werden nur Sicherheitsschuhe gefertigt. Die GmbH will die Betriebsergebnisrechnung von der bisherigen Vollkostendarstellung auf eine Deckungsbeitragsrechnung umstellen. Kostenanalysen ergeben, dass die Verwaltungs- und Vertriebsgemeinkosten vollständig fix sind. Die Aufteilung der Material- und Fertigungsgemeinkosten soll mathematisch erfolgen. Folgende Daten sind für die Monate Januar und März vorhanden:

	Januar	März
Absatzmenge:	7.550 Paar	5.320 Paar
Produktionsmenge:	7.800 Paar	5.320 Paar
Nettoerlös pro Stück:	98,40 €	98,40 €
Bestandsmehrung Rohstoffe:		10.000 €
Material- und Fertigungseinzelkosten:	226.200 €	154.280 €
Material- und Fertigungsgemeinkosten:	413.400 €	361.320 €
Verwaltungs- und Vertriebsgemeinkosten:	73.820 €	73.820 €

Ermitteln Sie die variablen Stückkosten sowie die Fixkosten je Monat.

A: Die Fixkosten betragen 323.420 €.

B: Die Fixkosten betragen 322.470€.

C: Die Fixkosten betragen 325.890 €.

D: Die Fixkosten betragen 325. 560 €.

48. Eine Bäckerei stellt die Brotsorten Körnerbrot und Weizenbrot her. Bezüglich des Bestandteils Roggenmehl wurden im Monat Mai in der Materialabrechnung folgende Daten zusammengestellt. Im Monat Juni wurden 11.500 Körnerbrote und 11.200 Weizenbrote hergestellt. Laut Stücklisten sind in jedem Körnerbrot 0,2 kg Roggenmehl und in jedem Weizenbrot 0,05 kg Roggenmehl enthalten. Die Bäckerei bewertet sämtliche Materialmengen mit Verrechnungspreisen. Der Verrechnungspreis beträgt 1,70 €/kg Roggenmehl. Das Unternehmen erfasst bei jedem Materialzugang die Abweichungen des Einstandspreises gegenüber dem Verrechnungspreis und verrechnet diese monatlich als Korrekturposition in der Ergebnisrechnung. Ermitteln Sie den men-

gen- und wertmäßigen Materialverbrauch der Abrechnungsperiode nach der Skontrationsmethode (Fortschreibung).

A: Der Verbrauch beträgt mengenmäßig 2950 kg.

B: Der Verbrauch beträgt mengenmäßig 3100 kg.

C: Der Verbrauch beträgt wertmäßig 4872 €.

D: Der Verbrauch beträgt wertmäßig 4734 €.

49. Eine Bäckerei stellt die Brotsorten Körnerbrot und Weizenbrot her. Bezüglich des Bestandteils Roggenmehl wurden im Monat Mai in der Materialabrechnung folgende Daten zusammengestellt.

Datum	Menge (kg)	Einstandspreis (€/kg)
Anfangsbestand am 01.06.	400	
Zugang 02.06.	760	1,60
Abgang 05.06.	800	
Zugang 08.06.	600	1,80
Abgang 12.06.	870	
Zugang 15.06.	480	1,60
Abgang 19.06.	430	
Zugang 22.06.	720	1,50
Zugang 23.06.	150	1,70
Abgang 26.06.	800	
Endbestand lt. Inventur 30.06.	190	

Im Monat Juni wurden 11.500 Körnerbrote und 11.200 Weizenbrote hergestellt. Laut Stücklisten sind in jedem Körnerbrot 0,2 kg Roggenmehl und in jedem Weizenbrot 0,05 kg Roggenmehl enthalten. Die Bäckerei bewertet sämtliche Materialmengen mit Verrechnungspreisen. Der Verrechnungspreis beträgt 1,70 €/kg Roggenmehl. Das Unternehmen erfasst bei jedem Materialzugang die Abweichungen des Einstandspreises gegenüber dem Verrechnungspreis und verrechnet diese monatlich als Korrekturposition in der Ergebnisrechnung. Ermitteln Sie den mengen- und wertmäßigen Materialverbrauch der Abrechnungsperiode nach der Inventurmethode (Befundrechnung).

A: Der mengenmäßige Verbrauch beträgf 2900 kg.

B: Der mengenmäßige Verbrauch beträgf 2930 kg.

C: Der wertmäßige Verbrauch beträgt 4764 €.

D: Der wertmäßige Verbrauch beträgt 4722 €.

50. Eine Bäckerei stellt die Brotsorten Körnerbrot und Weizenbrot her. Bezüglich des Bestandteils Roggenmehl wurden im Monat Mai in der Materialabrechnung folgende Daten zusammengestellt.

Datum	Menge (kg)	Einstandspreis (€/kg)
Anfangsbestand am 01.06.	400	
Zugang 02.06.	760	1,60
Abgang 05.06.	800	
Zugang 08.06.	600	1,80
Abgang 12.06.	870	
Zugang 15.06.	480	1,60
Abgang 19.06.	430	
Zugang 22.06.	720	1,50
Zugang 23.06.	150	1,70
Abgang 26.06.	800	
Endbestand lt. Inventur 30.06.	190	

Im Monat Juni wurden 11.500 Körnerbrote und 11.200 Weizenbrote hergestellt. Laut Stücklisten sind in jedem Körnerbrot 0,2 kg Roggenmehl und in jedem Weizenbrot 0,05 kg Roggenmehl enthalten. Die Bäckerei bewertet sämtliche Materialmengen mit Verrechnungspreisen. Der Verrechnungspreis beträgt 1,70 €/kg Roggenmehl. Das Unternehmen erfasst bei jedem Materialzugang die Abweichungen des Einstandspreises gegenüber dem Verrechnungspreis und verrechnet diese monatlich als Korrekturposition in die Ergebnisrechnung. Ermitteln Sie den mengen- und wertmäßigen Materialverbrauch der Abrechnungsperiode nach der retrograden Methode (Rückrechnung).

A: Der mengenmäßige Verbrauch beträgt 2920 kg.

B: Der mengenmäßige Verbrauch beträgt 2860 kg.

C: Der wertmäßige Verbrauch beträgt 4.766 €.

D: Der wertmäßige Verbrauch beträgt 4.650 €.

51. Welche Aussage ist richtig?

A: Bei der retrograden Methode kann nur ein Ist-Verbrauch, aber kein Soll-Verbrauch ermittelt werden.

B: Wird allein die Inventurmethode durchgeführt, dann sind Schwund und Diebstahl nicht ermittelbar.

C: Die Skontrationsmethode erfordert eine aufwendige und differenzierte Lagerbuchführung (häufig durch EDV). Dadurch ist es aber möglich, die Verbrauchsabweichung (=ineffizienter Verbrauch) auch ohne vorherige Soll-Verbrauchsbestimmung zu erfassen.

D: Bei der Skontrationsmethode lässt sich ohne Inventur eine Trennung von bestimmungsgemäßen und nicht bestimmensgemäßen Verbrauch herbeiführen.

52. In der Tischlerei Fridolin Hobel werden zur Herstellung der Tische Holzplatten benötigt, die jeweils 1 Quadratmeter groß sind. Fridolin wendet für die Bewertung das Fifo-Verfahren an. Wie hoch ist der Lagerbestand an 31.12.08?

Anfangsbestand: 10.000 Stück zu je 4,80 €.

Zugänge am: 5.12. 5.000 Stck zu 5,40 €/m²

15.12. 10.000 Stck. zu 5,90 €/m²

20.12. 5.000 Stck. zu 6,40 €/m²

Abgänge am : 8.12. 6.000 Stck.

10.12.. 4.000 Stck.

18.12. 10.000 Stck.

29.12. 5.000 Stck.

A: Der Lagerbestand am 31.12. beträgt 30.000 €.

B: Der Lagerbestand am 31.12. beträgt 33.000 €

C: Der Lagerbestand am 31.12. beträgt 32.000 €

D: Der Lagerbestand am 31.12. beträgt 32.500 €

53. In der Tischlerei Fridolin Hobel werden zur Herstellung der Tische Holzplatten benötigt, die jeweils 1 Quadratmeter groß sind. Fridolin wendet für die Bewertung das Lifo-Verfahren an.

Wie hoch ist der Lagerbestand an 31.12.08?

Anfangsbestand: 10.000 Stück zu je 4,80 €.

Zugänge am: 5.12. 5.000 Stck zu 5,40 €/m²

             15.12. 10.000 Stck. zu 5,90 €/m²

             20.12. 5.000 Stck. zu 6,40 €/m²

Abgänge am : 8.12. 6.000 Stck.

             10.12.. 4.000 Stck.

             18.12. 10.000 Stck.

             29.12. 5.000 Stck.

A: Der Lagerbestand am 31.12 . beträgt 23.800 €.

B: Der Lagerbestand am 31.12 . beträgt 24.000 €.

C: Der Lagerbestand am 31.12 . beträgt 26.000 €

D: Der Lagerbestand am 31.12 . beträgt 23.500 €

54. In der Tischlerei Fridolin Hobel werden zur Herstellung der Tische Holzplatten benötigt, die jeweils 1 Quadratmeter groß sind. Fridolin wendet für die Bewertung die permanente Durchschnittsmethode an.

Wie hoch ist der Lagerbestand an 31.12.08?

Anfangsbestand: 10.000 Stück zu je 4,80 €.

Zugänge am: 5.12. 5.000 Stck zu 5,40 €/m²

             15.12. 10.000 Stck. zu 5,90 €/m²

             20.12. 5.000 Stck. zu 6,40 €/m²

Abgänge am : 8.12. 6.000 Stck.

             10.12.. 4.000 Stck.

             18.12. 10.000 Stck.

             29.12. 5.000 Stck.

A: Der Lagerbestand am 31.12. beträgt 30.000 €

B: Der Lagerbestand am 31.12. beträgt 31.000 €

C: Der Lagerbestand am 31.12. beträgt 28.500 €

D: Der Lagerbestand am 31.12. beträgt 30.500 €

55. Welche Aussage ist zu den Verbrauchsfolgeverfahren Lifo und Fifo richtig?

A: Bei steigenden Preisen werden beim Lifo-Verfahren die teuren Güter zuerst verbraucht. Dies führt dazu, dass der Erfolg relativ zu sinkenden Preisen niedrig ist, genauso wie der Lagerbestand.

B: Bei steigenden Preisen werden beim Fifo-Verfahren die preiswerteren Güter zuerst verbraucht.

C: Bei steigenden Preisen werden beim Lifo-Verfahren die teuren Güter zuerst verbraucht. Dies führt dazu, dass der Erfolg relativ zu sinkenden Preisen hoch ist, genauso wie der Lagerbestand.

D: Bei konstanten Preisen führen Fifo und Lifo immer zu unterschiedlichen Egebnissen.

Kostenstellenrechnung

56. Welche Aussage ist richtig?

A: Kostenstelleneinzelkosten sind nicht direkt einer Kostenstelle zurechenbar.

B: Hilfskostenstellen erbringen hauptsächlich Leistungen für andere Kostenstellen und wirken somit nur mittelbar an der absatzbestimmten Leistungserstellung mit.

C: Kostenstelleneinzelkosten sind immer beschäftigungsvariabel.

D: Sekundäre Kostenstellengemeinkosten sind Kosten der Hauptkostenstellen, die im Rahmen der innerbetrieblichen Leistungsverrechnung auf die Hilfskostenstellen verteilt werden.

57. Vervollständigen Sie nachfolgenden Ausschnitt des Betriebsabrechnungsbogens.

	Zentraler Service €	Rohbau €	Erdarbeiten €	Verw.&Vert.	gesamt €
Personalbasiskosten	60.000	8.600.000	3.200.000	340.000	
Personalnebenkosten				6 100 000	
kalk Zinsen	100.000	600.000	110.000	60.000	
kalk Abschreibungen	220.000	1.200.000	300.000	140.000	

Folgende Zusatzangaben sind gegeben:
Die gesamten Personalnebenkosten in Höhe von 6.100.000 € sollen auf der
Grundlage der
Personalbasiskosten anteilig auf die Kostenstellen verteilt werden.
Berechnen Sie den Personalnebenkostensatz und nehmen Sie im BAB die
Verteilung der
Personalnebenkosten auf die Kostenstellen vor.
In der Kostenstelle „Erdarbeiten" werden ausschließlich die drei Bagger einge-
setzt, die vor
drei Jahren zu 2.200.000 € angeschafft wurden. Zum Anschaffungszeitpunkt
betrug der Index des Wiederbeschaffungswertes 1,100. Bis zum laufenden
Jahr ist der Index auf 1,200 angestiegen. Die betriebsgewöhnliche Nutzungs-
dauer der Geräte beträgt acht Jahre.
Der Betrieb ermittelt die kalkulatorischen Zinsen für das abnutzbare Anlagevermögen auf der Basis von Anschaffungswerten nach der Durchschnittsmethode mit einem Kalkulationszinssatz von 10 % pro Jahr.
Berechnen Sie die kalkulatorischen Zinsen der Kostenstelle „Erdarbeiten".

A: Die Personalnebenkosten für den Bereich zentraler Service betragen
60.000 €.

B: Die kalkulatorischen Zinsen für die Kostenstelle Erdarbeiten betragen
120.000 €.

C: Die kalkulatorische Abschreibung für die Kostenstelle Erdarbeiten beträgt
275.000 €.

D: Die Personalnebenkosten betragen 50% der Personalbasiskosten.

58. Vervollständigen Sie nachfolgenden Ausschnitt des Betriebsabrechnungsbogens.

	Zentraler Service	Rohbau	Erdarbeiten	Verw.& Vert.	gesamt	
	€	€	€	€	€	
Personalbasiskosten	60.000	8.600.000	3.200.000	340.000	12.200.000	
Personalzusatzkosten	30.000	4.300.000	1.600.000	170.000	6.100.000	
kalk. Abschreibungen	220.000	1.200.000	300.000	140.000	1.860.000	
kalk. Zinsen	100.000	600.000	110.000	60.000	870.000	
sonstige Kosten	30.000	1.000.000	520.000	320.000	1.870.000	
Primärkosten gesamt						
Umlage zentr. Dienste						
Endkosten	0	16.000.000	5.850.000	1.050.000	22.900.000	
Verrechnungsbasis (Ist)		200.000 (h)	75.000 (h)	21.000.000 (HK d. Ums.)		
Istkostensatz		.......€/h	......€/h	.....%		
Normalkostensatz		78€/h	75€/h	6%		

Folgende Zusatzangaben sind gegeben: Die Primärkosten der Hilfskostenstel-
le „Zentrale Service" sind im Rahmen der innerbetrieblichen Umlagerechnung
nach der Anzahl der Mitarbeiter auf die Hauptkostenstellen Rohbau (150 Mitarbeiter), Erdarbeiten (60 Mitarbeiter) und Verwaltung (10 Mitarbeiter) umzu-
legen. Im BAB finden Sie die Verrechnungsbasen der Hauptkostenstellen. Die
Endkosten der Kostenstellen Rohbau und Erdarbeiten werden auf der Basis
von geleisteten Stunden verrechnet, die Summe der Gemeinkosten der Kostenstelle Verwaltung und Vertrieb auf der Basis der Herstellkosten des Umsatzes. Berechnen Sie im BAB die Istkostensätze und die verrechneten Normal-
gemeinkosten.

A: Die Umlage der zentralen Dienste beträgt für die Kostenstelle Rohbau
280.000 €.

B: Die Umlage der zentralen Dienste beträgt für die Kostenstelle Erdarbeiten
120.000 €.

C: Der Istkostensatz für die Kostenstelle Rohbau beträgt 75 €/h.

D: Der Istkostensatz für die Kostenstelle Erdarbeiten beträgt 82 €/h.

59. Ein Chemieunternehmen verzeichnet für den Abrechnungsmonat Oktober 2007 folgende Daten:

Kostenstelle	primäre Gemein-kosten T€	Stromver-brauch in kWh	gefahrene km	Erlöse T€	Wareneinsatz T€
Hilfskostenstellen:					
Energiever-sorgung				1.540	100.000
Fuhrpark				1.200	
Geschäfts-führung		820		500.000	300.000
Hauptkostenstellen:					
Warengruppe 1	4.040	2.500.000	600.000	20.000	10.600
Warengruppe 2	3.474	2.700.000	560.000	18.000	10.200
Warengruppe 3	1.626	2.300.000	440.000	6.000	3.200
Summe	12.700	8.000.000	2.000.000	44.000	24.000

Führen Sie die innerbetriebliche Leistungsverrechnung nach dem Stufenleiter-verfahren durch. Dabei sind die Hilfskostenstellen in der Reihenfolge Fuhr-park, Energieversorgung und Geschäftsführung anzuordnen. Ermitteln Sie au-ßerdem die Handlungskosten und den Gewinn.

A: Der Schlüssel für Fuhrpark beträgt 0,55 €/km und für Energie 0,23 €/kWh.

B: Die Handlungskosten betragen für WG 1 16.200 € für WG 2 4.000 € und für WG 3 3.000 €.

C: Die Selbstkosten betragen für WG 1 16.000 für WG 2 15.500 € und für WG 3 6.000 €.

D: Die Gewinne betragen für WG 1 4.000 € für WG 2 3000 € und für WG 3 300 €.

60. Ein Glasunternehmen stellt Sicherheitsglas her. Sie werden gebeten die innerbetriebliche Leistungsverrechnung vorzunehmen. Nachfolgender Auszug aus dem BAB liegt vor:

allgemeine Kos- Hauptkostenstel-

tenstellen (Vorkostensteilen) €	len (Endkostenstellen) €				
Kantine	IT –Bereich	Materialwesen	Fertigung	Verwaltung	Vertrieb
4.000	20.000	18.000	400.000	120.000	160.000

Folgende Leistungen werden verrechnet:

abgebende Stelle	Einheiten h	Allg. Kostenstellen		Hauptkostenstellen			
		Kantine bezieht von	IT bezieht von	Material	Fertigung	Verwaltung	Vertrieb
Kantine	18	–	2	1	8	4	3
IT–Bereich	213	3	–	11	190	5	4

Stellen Sie die beiden Ausgangsgleichungen für die innerbetriebliche Verrechnung der allgemeinen Kostenstellen mithilfe des Gleichungsverfahrens dar. Ermitteln Sie die Verrechnungssätze je allgemeiner Kostenstelle und nehmen Sie die sekundäre Kostenverteilung vor.
Rundungsregeln:
Weisen Sie die Verrechnungssätze auf drei Kommasteilen genau aus. Alle übrigen Zahlen sind auf volle € kaufmännisch zu runden.

A: Der Verrechnungssatz für Kantine beträgt 346,218 €/h und für IT 94,306 €/h.

B: Die Gesamtkosten in der Fertigung betragen 420.822 €.

C: Die Gesamtkosten in der Verwaltung betragen 122.273 €.

D: Die Gesamtkosten im Vertrieb betragen 159.476 €.

61. Eine Camping AG ermittelt im Rahmen seiner Betriebsabrechnung folgende Daten:

	Iglus	Zelte
Fertigungsmaterial	390.000 €	220.000 €
Fertigungslöhne	260.000 €	240.000 €

Produzierte abgesetzte Einheiten	2.500 Stk.	5000 Stk.
Verkaufserlös pro Stk.	550 €	188 €
Materialgemeinkostenzuschlag	10%	
Fertigungsgemeinkostenzuschlag	150%	
Verwaltungs– und Vertriebsgemeinkostenzuschlag	15%	

Wie hoch ist das Gesamtergebnis, wenn die Zeltproduktion eingestellt wird. Berücksichtigen Sie dabei, dass bei den Zelten 80 % der Gemeinkosten Fixkosten darstellen.

A: Wird die Zeltproduktion eingestellt, beträgt das Gesamtergebnis -272.490 €.

B: Wird die Zeltproduktion eingestellt, beträgt das Gesamtergebnis 514.650 €.

C: Wird die Zeltproduktion eingestellt, beträgt das Gesamtergebnis 519.320 €.

D: Wird die Zeltproduktion eingestellt, beträgt das Gesamtergebnis 268.130 €.

62. Eine Camping AG ermittelt im Rahmen seiner Betriebsabrechnung folgende Daten:

	Iglus	Zelte
Fertigungsmaterial	390.000 €	220.000 €
Fertigungslöhne	260.000 €	240.000 €
Produzierte abgesetzte Einheiten	2.500 Stk.	5000 Stk.

Verkaufserlös pro Stk.	550 €		188 €
	Materialgemeinkostenzuschlag		10%
	Fertigungsgemeinkostenzuschlag		150%
	Verwaltungs– und Vertriebsgemeinkostenzuschlag		15%

Wie hoch ist der Ergebnisbeitrag der Produktgruppe Iglus und Zelte auf Basis der Vollkostenrechnung, wenn es keine Bestandsveränderungen gibt.

A: Der Ergebnisbeitrag beträgt 134.150 € für Iglus und - 28.000 € für Zelte.

B: Der Ergebnisbeitrag beträgt 105.850 € für Iglus und - 27.200 € für Zelte.

C: Der Ergebnisbeitrag beträgt 296.000 € für Iglus und - 28.900 € für Zelte.

D: Der Ergebnisbeitrag beträgt 137.450 € für Iglus und - 26.500 € für Zelte.

63. Folgende innerbetriebliche Leistungsverflechtungen zwischen den Hilfskostenstellen "Dampf" und "Strom" sind gegeben: von Dampf (D) an Dampf:
150t an Strom: 250t von Strom (S) an Dampf: 20.000 kWh an Strom: 10.000
kWh Die Gesamtleistung beträgt für Dampf 950 t und für Strom 60.000 kWh.
An primären Kosten fallen in der Kostenstelle "Dampf" 4.000 € und in der Kostenstelle "Strom" 7.500 € an. Bei der Berechnung sind sämtliche Leistungsbeziehungen zu berücksichtigen. Berechnen Sie die innerbetrieblichen Verrech-
nungspreise für eine Einheit Strom und Dampf! Entscheiden Sie welche Aussage richtig ist!

A: Die Gesamtkosten für die Kostenstelle Strom betragen 14.000 €.

B: In diesem Fall ist das Anbauverfahren das beste Verfahren um die innerbetrieblichen Leistungsverflechtungen zu verrechnen.

C: Der Verrechnungspreis für eine Kilowattstunde Strom beträgt 0,24 €.

D: Der Verrechnungspreis für eine Tonne Dampf beträgt 10 €.

64. In der Holz−GmbH werden hauptsächlich Zimmertüren hergestellt. Zur Erstellung des Betriebsabrechnungsbogens wird das Stufenleiterverfahren eingesetzt.

Kosten-stelle	Primärkosten	abgenomme-ne Leistung Reparatu-ren/Std.	abgenom-mene	Leis-tung EDV/Std.	abgenommene Leistung Ar-beitsvor-ber./Std.
Allgem. Kos-tenstelle EDV		220.000		30	
Allgem. Kos-tenstelle Re-paraturen		96.000		80	
Hauptkosten-stelle Material	250.000	70		180	
Hilfskosten-stelle Fert. Ar-beitsvorber.	40.000	10		30	

Hauptkosten-stelle Ferti-gung	380.000	350	320	120
Hauptkosten-stelle Einbau der Türen	290.000	300	280	180
Hauptkostenstelle Verwaltung + Vertrieb	280.000	110	210	
Summen	.556.000	870	1100	300

Fertigungslöhne Einbau von Türen 220.000 €

Führen Sie die innerbetriebliche Leistungsverrechnung nach dem Stufenleiterverfahren durch, und ermitteln Sie die sekundären Gemeinkosten der Hauptkostenstelle Einbau der Türen.

A: Die sekundären Gemeinkosten der Kostenstelle Einbau der Türen betragen 125.230 €.

B: Die sekundären Gemeinkosten für die Kostenstelle Einbau der Türen betragen123.487 €.

C: Die sekundären Gemeinkosten für die Kostenstelle Einbau der Türen betragen 124.400 €.

D: Die sekundären Gemeinkosten für die Kostenstelle Einbau der Türen betragen 126.331 €.

65. In einem Industrieunternehmen liegt nachfolgende Verteilung der primären Gemeinkosten vor.

	Allgemeine Kostenstellen	Hauptkosten-stellen				
	Energieversor-gung	Grundstücke und Gebäude	Mate-rial	Ferti-gung	Verwal-tung und Vertrieb	Sum-me
Primäre Ge-meinkosten	12.600 €	49.680 €	37.11 6 €	70.032 €	48.876 €	218.3 04 €
Nutzfläche	1.000 m2	--	2.500 m2	2.000 m2	500 m2	6.000 m2
Energiever-	--	30.000 kWh	18.00	90.000	12.000	150.0

brauch   0 kWh kWh   kWh   00
kWh

Außerdem sind in der letzten Abrechnungsperiode Materialeinzelkosten von 540.000 € und Fertigungslöhne von 240.000 € angefallen. Führen Sie in der vorgegebenen Reihenfolge der Kostenstellen die innerbetriebliche Leistungsverrechnung nach dem Stufenleiterverfahren durch.

A: Der Verteilungsschlüssel für Energie beträgt 0,096 €/kWh und für Gründstücke und Gebäude 10,75 €/m².

B: Die Summe der Gemeinkosten beträgt für Material 605.433 €

C: Die Summe der Gemeinkosten beträgt für die Fertigung 338.472 €.

D: Die Summe der Gemeinkosten beträgt für Verwaltung und Vertrieb 54.877 €.

66. Welche Aussage ist richtig?

A: Bei innerbetrieblichen Leistungsverrechnung führt das Stufenleiterverfahren in jedem Fall zu einem exakteren Ergebnis als das Anbauverfahren.

B: In der Kostenstellenrechnung wird unter anderem die innerbetriebliche Leistungsverrechnung vorgenommen.

C: Kostenstelleneinzelkosten sind Gemeinkosten, die nicht direkt einer Kostenstelle zurechenbar sind.

D: Umsatz stellt einen mengenmäßigen Kostenschlüssel dar, da die Anzahl der veräußerten Produkte erfasst wird.

67. Welche Aussage ist richtig?

A: Hilfskostenstellen sind unmittelbar an der Produktion von absatzbestimmenden Leistungen beteiligt.

B: Kostenstellen-Einzelkosten werden per Schlüsselung einer Kostenstelle zugerechnet, während Kostenstellen-Gemeinkosten in den kostenstellen direkt zugerechnet werden können.

C: Hauptkostenstellen erbringen lediglich Leistungen für andere Kostenstellen und wirken nur mittelbar an der Leistungsrestellung mit.

D: Sekundäre Gemeinkosten sind Kosten der Hilfskostenstellen, die auf die Hauptkostenstellen verteilt werden.

68. Welche der folgenden Aussagen über Kostenstelleneinzelkosten (KST-EK) und Kostenstellengemeinkosten (KST-GK) ist richtig?

A: KST-EK sind beschäftigungsvariabel.

B: KST-EK werden direkt (ohne BAB) auf die Kostenträger verteilt.

C: KST-GK lassen sich nur über einen Verteilungsschlüssel auf die Kostenstellen verteilen.

D: Die Gehälter von KST-Leitern (z.B. Meistergehälter) sind KST-GK.

69. Wodurch unterscheiden sich Anbauverfahren, Stufenleiterverfahren und Gleichungsverfahren?

A: Beim Anbauverfahren werden die Kosten der Hilfskostenstellen gar nicht verrechnet.

B: Das Stufenleiterverfahren berücksichtigt nicht den Leistungsaustausch zwischen den Hilfskostenstellen.

C: Anbauverfahren und Stufenleiterverfahren unterscheiden sich dadurch, dass beim Anbauverfahren die Leistungsbeziehung zwischen den Hilfskostenstellen nur in eine Richtung berücksichtigt wird.

D: Nur beim Gleichungsverfahren wird die gegenseitige Leistungsbeziehung zwischen den Hilfskostenstellen vollständig berücksichtigt.

Kostenträgerrechnung

70. Die Pader-Brauerei hat in der letzten Periode 10.000 hl Pader-Pils hergestellt. Dabei sind 900.000.- € an Periodenkosten angefallen. Es konnten 4.000 hl abgesetzt werden. Die Verwaltungs- und Vertriebskosten betragen 100.000 €.

A: Die Selbstkosten pro Flasche betragen 0,30 €.

B: Die einstufige Divisionskalkulation ist sinnvoll, da nur ein Produkt hergestellt wird. Die Lagerbestandsveränderungen spielen keine Rolle.

C: Die Selbstkosten pro Flasche betragen 0,35 €.

D: Lagerbestandsveränderungen sind immer zu Selbstkosten zu bewerten. Die Lagerbestandsveränderungen betragen +480.000 €.

71. Die Pader-Brauerei hat in der letzten Periode 10.000 hl Pader-Pils hergestellt. Dabei sind 900.000.- € an Periodenkosten angefallen. Welche Aussage ist richtig?

A: Die Aufgabe ist mit der Divisionskalkulation nicht zu lösen.

B: Die Selbstkosten pro Flasche betragen 90 €.

C: Die Selbstkosten pro Flasche betragen 0,90 €.

D: Die Selbstkosten pro Flasche betragen 0,30 €.

72. Ein Futtermittelhersteller produziert in einem vierstufigen Prozess ausschließlich Futter für die Landwirtschaft. Im vergangenen Monat wurden folgende Zahlen festgehalten.

	Materialeinsatz	Stufenkosten	Produkt	Abgabe	Lagerung
Stufe I	Mineralische Zusätze	153.900 € Wasser 8400 cbm Ã 1,25/cbm.	35.600 €	12.500 cbm Mischgrundmasse	
Stufe II	12.500 cbm Mischgrundmasse Energie 21.500 Ã 0,06 €/kWh	14.600 €	12.500 cbm vorgewärmte Grundmasse		
Stufe III	12.500 cbm vorgewärmte Grundmasse	66.100 €	4.200 t Granulat	7.600 cbm Wasser Ã 0,5 €/cbm	200 t
Stufe IV	4.000 t Granulat 79960 Kunststoffsäcke Ã 0,30 €				

Zugabe von Vi-
taminstaub in
jeden Sack je   31.846   (Verlust
0,05 €   durch

Förderung 2 t)
Futter 79.960
Säcke Ã 50 kg

Verw.
& Ver- 5% auf die HK
trieb

Ermitteln Sie die Selbstkosten je Sack á 50 kg Futter.

A: Die Selbstkosten betragen 4,20 € je Sack.

B: Die Verwaltungs- und Vertriebskosten betragen 16.791,6 €.

C: Die Selbstkosten betragen 4,41 € je Sack.

D: Die Herstellkosten der Stufe III betragen 72 €/t.

73. Ein Zementwerk stellt Zement in einem fünfstufigen Produktionsprozess
her. Auf den einzelnen Produktionsstufen entstanden im Abrechnungszeitraum
folgende Kosten:

I. Fördern 9.000 €

II. Aufbereiten 15.000 €

III. Brennen 30.000 €

IV. Zermahlen und Mischen (inklusive Materialkosten für 100 t Gips) 21.175 €

V. Packen und Verladen 4.125 €

Gefördert wurden 3.000 t Rohmaterial. Nach der Aufbereitung verblieben noch
insgesamt 2.400 t Zementmehl. (Der Rest ist Schutt.) Es wurden zwei Char-
gen Klinker gebrannt. Jede Charge bestand aus 1.000 t Zementmehl, aus denen je 800 t Klinker gebrannt wurden. Insgesamt wurden 1.800 t Klinker unter
Zugabe von 100 t Gips zu 1.900 t Zement zermahlen und vermischt (Hinweis:
die Bestandsentnahme von Klinker wurde mit 31,25 €/t bewertet). Schließlich
wurden 1.500 t Zement verkauft. Welche Antwort ist richtig?

A: Je niedriger die Menge an nicht verwendetem Schutt ist, desto höher werden die Stufenkosten pro Tonne Zementmehl.

B: Die Bestandsmehrung an Zementmehl beträgt 3.200 €.

C: Die Stufenkosten pro Tonne Klinker betragen 31,25 €/t.

D: Die Stufenkosten pro Tonne Zementmehl betragen 8 € pro Tonne.

74. Zur Herstellung von Zement muss zunächst das Rohmaterial gefördert werden. In der Aufbereitung entsteht daraus Zementmehl, das anschließend zu Klinker gebrannt wird. Der Klinker wird unter der Zugabe von Gips zu Zement zermahlen und vermischt. Dabei können Bestandsveränderungen bei den Zwischenprodukten und Endprodukt auftreten. Welches Kalkulationsverfahren wählen Sie?

A: Einstufige Divisionskalkulation

B: Zuschlagskalkulation

C: Mehrstufige Divisionskalkulation

D: Kuppelkalkulation nach dem Verteilungsverfahren

75. Ein Schreibwarenhändler produziert und vertreibt Bleistifte in den Stärken Hart, Mittel und Weich. Für den Berichtsmonat August 2007 wurden 180.320 € Selbstkosten festgestellt. Eine technisch-wertmäßige Analyse hat ergeben, dass die Herstellung von "Hart" um 25% weniger und von "Weich" um 50% mehr kostet als von "Mittel". Folgende Mengen wurden produziert und abgesetzt: 56.000 Packungen "Hart", 145.000 Packungen "Mittel" und 90.000 Packungen "Weich". Leiten Sie aus den Ergebnissen der technisch-wertmäßigen Analyse geeignete Äquivalenzziffern für die Produkte ab und berechnen Sie die Selbstkosten der drei Sorten insgesamt und je Stift unter Verwendung der Äquivalenzziffern. Beachten Sie dabei, dass in den Kosten des Abrechnungsmonats Vertriebskosten in Höhe von 58.200 € enthalten. Im Hinblick auf die Verkaufsaktivitäten ist es unerheblich, welche der drei Sorten verkauft wird.

A: Die Selbstkosten/Stk betragen für Hart 0,28 €/Stk. für Mittel t 0,38 €/Stk. und für Weich 0,57 €/Stk.

B: Die Äquivalenzziffern betragen 1 für Hart 0,75 für Mittel und 1,5 für Weich.

C: Die Herstellkosten für Weich betragen 52.379 €.

D: Die Herstellkosten für Mittel betragen 54.991,98 €.

76. Eine Schneiderei produziert drei unterschiedliche Arten von Tischdecken. Unterschiede ergeben sich durch die Größe der Tischdecken und die damit benötigte Stoffmenge und die Zeit der Verarbeitung. Die Verwaltungs– und Vertriebskosten je Tischdecke sind gleich. Folgende Kostenstrukturen

liegen Ihnen vor. Änderungen gegenüber der Vorperiode sind nicht eingetreten.

	Tischdecke zuschneiden	Nähen		Absatz	
	qm Stoff/je TD	Prod. Menge	Min./Tischdecke	Prod. Menge	Menge
TD 1	7,5	2.000	5	1.800	2.100
TD 2	5	5	3.000	4	3.200 3.100
TD 3	10	2.200	8	2.200	2.000
Kosten	83.200 €	39.400 €	21.600 €		

Bestimmen Sie die Kosten pro Tischdecke für die einzelnen Produktionsstufen. Ermitteln Sie anschließend die Selbstkosten je Tischdecke. Bilden Sie dabei Äquivalenz−Ziffern.

A: Die Selbstkosten für die Tischdecken betragen für TD 1: 20 € für TD 2: 15 € und für TD 3: 27 €.

B: Die Äquivalenzziffern betragen für die Fertigung für TD 1: 1 für TD 2: 1,5 und für TD 3: 2.

C: Die Kosten für das Zuschneiden betragen für TD 1: 24.200 €, für TD 2: ebenfalls 24.200 € und für TD 3: 35.000 €.

D: Die Kosten für das Nähen betragen für TD 1: 9.500 € für TD 2: 13.000 € und für TD 3: 17.800 €.

77. Eine Ziegelei stellt Backsteine, Klinker und Dachziegel her. Die Kostenhöhe der einzelnen Produkte wird vor allem durch die für die Steine unterschiedlichen, aber konstanten Brenndauern beeinflusst. Welche Kalkulationsmethode wählen Sie?

A: Kuppelkalkulation nach dem Restwertverfahren

B: Zuschlagskalkulation

C: Äquivalenzziffernkalkulation

D: Mehrstufige Divisionskalkulation

78. Ein Chemieunternehmen erstellt in einem Kuppelproduktionsprozess die Kostenträger HP, NA und NB (HP = Hauptprodukt, NA und NB = Nebenprodukte). Die hierfür entstehenden Herstell- kosten belaufen sich auf 900000 € je Periode. Die Produkte NA und NB erfahren eine zusätzliche Weiterverarbeitung, die für das Produkt NA 19000 € und für das Produkt NB 11000 € Kosten verursacht. Für die Verwaltung des Unternehmens entstehen Kosten in Höhe von 116250 € je Periode, die als Zuschlag auf die Herstellkosten der Periode zu verrechnen sind. Produziert und verkauft werden in dieser Zeit: HP: 4.000 t NA: 800 t NB: 600 t Die Erlöse betragen: HP: 270 €/t NA: 120 €/t NB: 40 €/t Ermitteln Sie bei Anwendung der Verteilungsrechnung auf Basis der Erlöse die Selbstkosten je Tonne der Kostenträger. (Die gesamten Verwaltungsgemeinkosten werden über das Hauptprodukt verrechnet.)

A: Die Selbstkosten je t HP betragen 224, 36 €.

B: Die Selbstkosten je t NA betragen 112,34 €.

C: Die Selbstkosten je t NA betragen 114,75 €.

D: Die Selbstkosten je t NB betragen 48,33 €.

79. Ein Pharmaunternehmen erstellt in einem Kuppelproduktionsprozess die Kostenträger HP, NA und NB (HP = Hauptprodukt, NA und NB = Nebenprodukte). Die hierfür entstehenden Herstellkosten belaufen sich auf 900.000 € je Periode. Die Produkte NA und NB erfahren eine zusätzliche Weiterverarbeitung, die für das Produkt NA 19.000 € und für das Produkt NB 11.000 € Kosten verursacht. Für die Verwaltung des Unternehmens entstehen Kosten in Höhe von 116.250 € je Periode, die als Zuschlag auf die Herstellkosten der Periode zu verrechnen sind. Produziert und verkauft werden in dieser Zeit: HP: 4.000 t NA: 800 t NB: 600 t Die Erlöse betragen: HP: 270 €/t NA: 120 €/t NB: 40 €/t Ermitteln Sie bei Anwendung der Restwertrechnung die Selbstkosten je Tonne des Hauptproduktes. (Die gesamten Verwaltungsgemeinkosten werden über das Hauptprodukt verrechnet.)

A: Die Selbstkosten je t HP betragen 226,26 €

B: Die Selbstkosten je t HP betragen 223,09

C: Die Selbstkosten je t HP betragen 224,06 €.

D: Die Selbstkosten je t HP betragen 222,75 €

80. Die Höherofen AG ist Betreiberfirma eines Hochofens zur Erzeugung von Roheisen. Im Zuge von Modernisierungsmaßnahmen sollen Sie als externer Gutachter die Kosten pro Tonne Roheisen bei einem bisher noch nicht ver-

wendeten Hochofentyp errechnen. Dazu werden Ihnen folgende Daten über die Erzeugung von Roheisen zur Verfügung gestellt: Der Hochofen ist ganzjährig und rund um die Uhr im Betrieb. Er wird schichtweise mit Möller (ein Erz-Gesteingemisch), Zuschlägen (Kalk zur Bildung von leichtflüssiger Schlacke) und Koks beschickt. An einem Tag können von dem mittelgroßen Hochofen rund 5.000 t Roheisen erzeugt werden. Dazu wird Erz mit einem Eisengehalt von 50% eingesetzt. Man benötigt rund 800 kg Koks und Kalk pro erzeugte Tonne Roheisen. Der Hochofen wird von außen zur Erhöhung der Lebenszeit mit 40 m3 Wasser pro Tonne Roheisen gekühlt. Der Preis pro Kubikmeter Wasser beträgt € 2,-. Das Koks-Kalkgemisch wird von dem Unternehmen aus der eigenen Kokerei gewonnen und müsste zur Kostendeckung auf dem Markt zu € 450,- pro Tonne verkauft werden. Das Eisenerz wird in einem Steinbruch in der Nähe gewonnen und für € 250,- pro Tonne erworben. Für jede produzierte Tonne Roheisen fallen 1.200 kg Schlacke an. Der Rest geht durch die außerordentlich hohen Temperaturen von bis zu 1.500°C in Gasform verloren. Die Kosten für die Reinigung dieses Gases betragen € 50.000,- pro Tag. Die Schlacke wird zu Eisenbahnschotter und Straßenbelag verarbeitet. Dafür entstehen Kosten von € 50,- pro Tonne. Jede Tonne kann für € 90,- abgesetzt werden. Die Löhne und Nebenkosten betragen täglich € 40.000,-. Für anderes Hilfsmaterial fallen täglich € 10.000,-. Die kalkulatorischen Abschreibungen (linear, erwartete betriebsindividuelle Nutzungsdauer 10 Jahren) und die kalkulatorischen Zinsen (Durchschnittswertmethode, Zinssatz 10%) beziehen sich auf die Anschaffungskosten in Höhe von € 219.000.000,-.

A: Der anteilige Restwert pro Tonne Eisen beträgt 930 €.

B: Die Gesamtkosten des Kuppelprozessees betragen insgesamt 4.650.000 €.

C: Der Restwert des Kuppelprozesses beträgt insgesamt 4.840.000 €.

D: Die kalkulatorischen Zinsen belaufen sich auf 40.000 €.

81. Ein Betrieb der chemischen Industrie produziert in einem einstufigen Kuppelprozess die Produkte A, B und C. Aus einer Tonne des Einsatzstoffes E1 und drei Tonnen des Einsatzstoffes E2 entstehen die folgenden Hauptprodukte zwangsläufig in den folgenden Mengen: 2t von A, 1t von B, 1t von C. Das Produkt E1 wird zum Preis von 15 €/t und das Produkt E2 zum Preis von 20 €/t gekauft. Für den Kuppelprozess betrugen in der letzten Periode die MGK 5.750 €, die FGK 10.000 € und die Fertigungslöhne 5.250 €. Bis zur Absatzreife entstehen für das Produkt A Veredelungskosten in Höhe von 150 €/t und für das Produkt C Kosten in Höhe von 50 €/t. Abgesetzt wurden in der letzten Periode von A: 140 t zu 500 €/t B: 70 t zu 150 €/t C: 70 t zu 100 €/t Ermitteln Sie die Summe der Kuppelprozesskosten!

A: Die Kuppelkalkulation nach dem Restwertverfahren orientiert sich an der einstufigen, summarischen Äquivalenzziffernkalkulation.

B: Die Kuppelprozesskosten betragen 26.250 €.

C: Die Kuppelprozesskosten betragen 26.450 €.

D: Die Kuppelkalkulation muss nach dem Restwertverfahren durchgeführt werden, da keine Einteilung in Hauptprodukt und Nebenprodukte vorgenommen werden kann.

82. Ein Recyclingunternehmen kauft Getränkekartons zu einem Preis von 5,10 € pro Tonne auf, um Sekundärrohstoffe zu gewinnen. Hierzu werden die Getränkekartons in einem Klärwerk aufgelöst. Anschließend lassen sich folgende Sekundärrohstoffe abspalten (Output pro Tonne Getränkekartons): 58 % Zellstoff insgesamt, davon 75 % hochwertige, lange Zellstofffasern, 11 % Aluminium, 23 % Polyethylen, 8 % Füllstoffe. Der Zellstoff wird zu einem Preis von 70,-- € pro Tonne an einen Hygienepapierhersteller geliefert, für dessen saugfähige und reißfeste Produkte nur die hochwertigen, langen Fasern geeignet sind. Bei der Trennung der hoch- von den minderwertigen Fasern entstehen Kosten von 1,50 € pro Tonne Zellstoff insgesamt. Der minderwertige Zellstoff wird vom Recyclingunternehmen ohne zusätzliche Kosten entsorgt. Für das Nebenprodukt Aluminium konnte ein Abnehmer gefunden werden, der 76,-- € pro Tonne zahlt. Zur Entsorgung des Polyethylens wird dieses zu rieselfähigem Granulat verdichtet und danach an einen Eimer-Hersteller abgegeben. Allerdings muss vom Recyclingunternehmen ein Betrag von 60,- € pro Tonne rieselfähigen Granulats zugezahlt werden. Bei der Verdichtung, die ohne Gewichtsverlust erfolgt, fallen Kosten in Höhe von 3,-- € pro Tonne Polyethylen an. Für die nicht zu vermarktenden Füllstoffe entstehen Deponiekosten in Höhe von 12,50 € pro Tonne Füllstoff. Monatlich werden 940 Tonnen Getränkekartons verarbeitet, wobei für die Kostenstelle Klärwerk folgende Kosten entstehen: - Abschreibung 5.355,-- €, - Löhne 6.380,-- €, - Wasser/Chemikalien 5.450,-- €, - kalk. Zinsen 1.420,-- €. Welche Aussage ist richtig?

A: Die kalkulatorischen Zinsen besitzen für die Berechnung des Kuppelprozesses keine Relevanz.

B: Die Gesamtkosten des Kuppelprozesses pro Monat betragen 21.979 €.

C: Die Gesamtkosten des Kuppelprozesses pro Monat betragen 23.399 €.

D: Die Kosten für die Getränkekartons betragen insgesamt 4.894 € im Monat.

83. In einem chemischen Prozess entstehen drei Produkte. Die Prozesskosten werden auf der Basis von Marktwerten auf die Produkte verteilt. Welches Kalkulationsverfahren wählen Sie?

A: Zuschlagskalkulation

B: Kuppelkalkulation nach dem Verteilungsverfahren

C: Mehrstufige Divisionskalkulation

D: keine

84. In einem Kuppelprozess werden aus einem Rohstoff M drei Produkte A,B,C hergestellt. Wird eine Tonne von M verarbeitet, so entstehen gleichzeitig 0,2 t von A, 0,4 t von B und 0,4 t von C. Die Betriebskosten der Anlage betragen 1.000 € je verarbeiteter Tonne des Einsatzstoffes M. Insgesamt werden 150 t verarbeitet, wobei als Bezugspreis 2.000 €/t anfallen. Für Produkt C fallen Vernichtungskosten von 50 €/t an. Herr Sanft, der Leiter der Controlling-Abteilung, legt für die Verteilung der Kosten der Kuppelproduktion Äquivalenzziffern von 1,5 für A und 1,3 für B fest. Produkt A durchläuft vor dem Verkauf eine Wiederaufbereitungsanlage. Die Fertigungsdauer beträgt 10 Std. pro Tonne bei einem Kostensatz von 150 € pro Fertigungsstunde. Die Verwaltungs- und Vertriebskosten werden mit 10% der Herstellkosten berechnet. Kalkulieren Sie die Herstell- und die Selbstkosten pro Tonne der Absatzprodukte. Kalkulieren Sie die Selbstkosten pro Tonne. der Absatzprodukte.

A: Die Herstellkosten für das Produkt B betragen 4.987,80 € je Tonne.

B: Die Selbstkosten für das Produkt B betragen 5.566,58 € je Tonne.

C: Die Herstellkosten für das Produkt A betragen 7.024,39 € je Tonne.

D: Die Selbstkosten für das Produkt A betragen 7.426,83 € je Tonne.

85. In einem Stahlwerk wird Roheisen zu Stahl veredelt. Von diesem Hauptprodukt werden insgesamt 140 Tonnen produziert und abgesetzt. Bei der Roheisenschmelze fällt das Nebenprodukt Schlacke in Höhe von 16 Tonnen an, die zu (ebensoviel) Dünger weiterverarbeitet wird. Der Dünger wird für 1,50 € pro Kilogramm verkauft, wobei Vertriebskosten von 0,50 € pro Kilogramm eingerechnet sind. Die Kosten der Roheisenschmelze betragen insgesamt 184.000 €. Die Kosten des Stahlvertriebs betragen insgesamt 21.000 €. Weitere Kosten fallen nicht an.

A: Die Bestandsveränderungen an Stahl betragen 100.000 €.

B: Die Kuppelprozesskosten betragen 168.000 €.

C: Als Kalkulationsmethode bietet sich die Kuppelkalkulation nach dem Verteilungsverfahren an.

D: Die Selbstkosten und die Herstellkosten sind in diesem Fall gleich hoch.

86. In einer Raffinerie entstehen zwangsläufig im Produktionsprozess das Hauptprodukt Heizöl sowie die Nebenprodukte Teer und Gas. Welches Kalkulationsverfahren wählen Sie?

A: Kuppelkalkulation nach dem Restwertverfahren

B: Äquivalenzziffernkalkulation

C: Kuppelkalkulation nach dem Verteilungsverfahren

D: Zuschlagskalkulation

87. Welche Aussage zur Kuppelkalkulation ist richtig?

A: Die Verteilungsrechnung basiert nicht auf dem Tragfähigkeitsprinzip.

B: Je höher die Entsorgungskosten eines Abfallproduktes sind, desto höher wird der in der Restwertrechnung dem Hauptprodukt zugewiesene Restwert.

C: Je höher der erzielte Preis für ein Nebenprodukt ist, desto höher wird der in der Restwertrechnung zugewiesene Restwert des Hauptproduktes.

D: Der in der Restwertrechnung ermittelte Restwert stellt verursachungsgerecht zugeordnete Kosten des Hauptproduktes dar.

88. Eine Schneiderei stellt für den Monat März folgende Kosten fest. Für Stoffe entstehen 38.400 € Materialeinzelkosten. Weiterhin fallen 25.600 € Fertigungseinzelkosten und 96.000 € Gemeinkosten an. Berechnen Sie jeweils den summarischen Gemeinkostenzuschlagssatz, wenn als Zuschlagsbasis 1. die Materialeinzelkosten, 2. die Fertigungseinzelkosten herangezogen werden.

A: Der Gemeinkostenzuschlag mit den Materialeinzelkosten als Zuschlagbasis beträgt 250%.

B: Der Gemeinkostenzuschlag mit den Materialeinzelkosten als Zuschlagbasis beträgt 265%.

C: Der Gemeinkostenzuschlag mit den Fertigungseinzelkosten als Zuschlagbasis beträgt 370%.

D: Der Gemeinkostenzuschlag mit den Fertigungseinzelkosten als Zuschlagbasis beträgt 380%.

89. Auf einer Kaltbandstraße wird ausschließlich Walzstahl der Profile A und B gefertigt. Die Kosten der Kaltbandstraße sind sowohl von den Maschinenzeiten als auch von den Umrüstzeiten abhängig. Im Monat Mai wurden 170 Umrüststunden gemessen. (Die Umrüstung erfolgt immer von Profil A auf Profil B und umgekehrt.) Die Kalkulationssätze betragen 30,60 € pro Maschinenstunde und 15,60 € pro Umrüststunde. Im gleichen Monat wurden 1.500 Meter Walzstahl Profil A und 2.700 Meter von Profil B gefertigt. 1 Meter Profil A erfordert 5 Maschinenminuten Profil B dagegen 10 Maschinenminuten. Welche Aussage ist richtig?

A: Die gesamten Herstellkosten für Profil B betragen 15.475 €.

B: Die gesamten Herstellkosten für Profil A betragen 3.150 €.

C: Die Verrechnung der Umrüstkosten erfolgt am besten auf Basis der in Anspruch genommenen Maschinenminuten.

D: Die gesamten Herstellkosten für Profil B betragen 15.096 €.

90. Auf einer Kaltbandstraße wird ausschließlich Walzstahl der Profile A und B gefertigt. Die Kosten der Kaltbandstraße sind sowohl von den Maschinenzeiten als auch von den Umrüstzeiten abhängig. Im Monat Mai wurden 170 Umrüststunden gemessen. (Die Umrüstung erfolgt immer von Profil A auf Profil B und umgekehrt.) Die Kalkulationssätze betragen 30,60 € pro Maschinenstunde und 15,60 € pro Umrüststunde. Im gleichen Monat wurden 1.500 Meter Walzstahl Profil A und 2.700 Meter von Profil B gefertigt. 1 Meter Profil A erfordert 5 Maschinenminuten Profil B dagegen 10 Maschinenminuten.

A: Die Verrechnung der Umrüstkosten erfolgt am besten auf Basis der Produktionsmenge (Meter Walzstahl).

B: Die Verrechnung der Umrüstkosten erfolgt am besten zu gleichen Teilen auf A und B.

C: Die gesamten Herstellkosten für Profil B betragen 16.422 €.

D: Die gesamten Herstellkosten für B betragen 12.550 €.

91. In einer Schneiderei fallen für einen Kundenauftrag folgende Kosten an: - Materialeinzelkosten 1.100 € -Fertigungseinzelkosten 860 € - Sondereinzelkosten der Fertigung 40 € Kalkulieren Sie den Auftrag sowohl mit

dem Materialeinzelkostenzuschlag von 250% und dem Fertigungseinzelkos-
tenzuschlag von 375%.

A: Die Auftragskosten unter Verwendung des Materialeinzelkostenzuschlags
beträgt 5.830 €.

B: Die Auftragskosten unter Verwendung des Materialeinzelkostenzuschlags
beträgt 5.750 €.

C: Die Auftragskosten unter Verwendung des Fertigungseinzelkostenzu-
schlags beträgt 5.225 €.

D: Die Auftragskosten unter Verwendung des Fertigungseinzelkostenzu-
schlags beträgt 5.680 €.

92. Eine Schneiderei stellt für den Monat März folgende Kosten fest. Für Stoffe
entstehen 38.400 € Materialeinzelkosten. Weiterhin fallen 25.600 € Fertigungseinzelkosten und 96.000 € Gemeinkosten an. Im Rahmen einer Kostenanalyse wird festgestellt. dass sich die Gemeinkosten wie folgt aufteilen: Materialgemeinkosten: 5.760 € Fertigungsgemeinkosten: 76.800 € Bei den restlichen Gemeinkosten handelt es sich um die Verwaltungs- und Vertriebsgemeinkosten. Ermitteln Sie die Zuschlagssätze und kalkulieren Sie auf dieser
Basis die Selbstkosten des Auftrages.

A: Die Selbstkosten des Auftrags betragen 5233,54 €.

B: Die Selbstkosten des Auftrags betragen 5176,45 €

C: Die Selbstkosten des Auftrags betragen 4988,76 €

D: Die Selbstkosten des Auftrags betragen 4945,89 €.

93. Ein Sägewerk beschafft eine neue Spezialmaschine. Dafür liegen folgende
Daten vor:

Anschaffungskosten: 210.000	€
Wiederbeschaffungskosten:	280.000 €
Betriebliche Nutzungsdauer	16 Jahre
Zinssatz	9% p. a.
Instandhaltungs-/Reparaturkosten 7.800 €/a	
Raumbedarf:	18 qm
Miete	90 €/qm

Energie – Grundgebühr	80 €
Energieverbrauch	20 kWh Ã 0,09 €/kWh
Betriebsstoffkosten	280 €/Mon.

Errechnen Sie den Maschinenstundensatz. Gehen Sie von einer monatlichen Normalbeschäftigung von 150 h aus.

A: Der Maschinenstundensatz beträgt 37,25 €.

B: Der Maschinenstundensatz beträgt 34,31 €.

C: Der Maschinenstundensatz beträgt 39.56 €.

D: Der Maschinenstundensatz beträgt 33,21 €.

94. Ein Unternehmen, das Bodenbeläge herstellt kauft zu Jahresbeginn 2006 eine Produktionsanlage. Anschaffungspreis: 440.000 €. Hinzu kommen 55.000 € für die betriebsfertige Erstellung der Anlage. Die betriebgewöhnliche Nutzungsdauer beträgt zehn Jahre, während die Nutzungsdauer lt. AfA-Tabelle acht Jahre beträgt. Weitere Angaben zur Anlage: - Die Anlage benötigt eine Fläche von 11 m2 bei einer kalkulatorischen Miete von 22 €/m2 pro Monat. - Im Jahr 2006 hat der Motor der Anlage eine Nennleistung von 33 kW. Im Anschaffungsjahr betrugen die En¬ergiekosten 0,22 €/kWh. In den Jahren 2007 und 2008 ist der Energiepreis um jeweils 5,5 % be¬zogen auf das Vorjahr gestiegen. - An Instandhaltungskosten werden für die betriebsgewöhnliche Nutzungsdauer insgesamt 32.400 € geplant. - Kalkulatorische Zinsen : 5 %. Darüber hinaus wird für die Anlage folgende Indexreihe der Preisentwicklung herangezogen:

2001	2002	2003	2004	2005	2006	2007	2008
100,0	102,8	107,6	108,7	109,5	110,4	111,2	112,7

Die Planbeschäftigung im Jahr 2008 beträgt 2000 Maschinenstunden. Berechnen Sie den Plan-Maschinenstundensatz für das Jahr 2008. Runden Sie Ihre Ergebnisse auf zwei Stellen nach dem Komma.

A: Der Maschinenstundensatz beträgt 41,40 €.

B: Der Maschinenstundensatz beträgt 44,20 €.

C: Der Maschinenstundensatz beträgt 42,61 €.

D: Der Maschinenstundensatz beträgt 48,28 €.

95. Führen Sie die Maschinenstundensatzrechnung durch: Arbeitszeit: 52 Wochen zu je 40 Stunden Ausfallzeit: 580 Stunden im Jahr Anschaffungskosten der Maschine: 120.000 € Wiederbeschaffungskosten: 150.000 € Die Maschine wird linear abgeschrieben Nutzungsdauer der Maschine voraussichtlich 10 Jahre Zinssatz für langfristig gebundenes Kapital 8% Raumbedarf der Maschine 20 qm Verrechnungssatz 15 €/qm und Monat Die installierte Leistung beträgt 60 Kilowattstunde/Stunde Strompreis 0,35 €/kWh

A: Die kalkulatorischen Zinsen betragen 5.200 € pro Jahr.

B: Der Maschinenstundensatz bei einer Nutzungsdauer von 10 Jahren beträgt 37,20 € pro Stunde.

C: Der Maschinenstundensatz beträgt bei einer Verkürzung der Nutzungsdauer um 2 Jahre 39,10 € pro Stunde.

D: Wenn die Maschine 12 statt 10 Jahre genutzt wird, dann erhöht sich der Maschinenstundensatz.

96. Für die Herstellung von Bleistiften müssen 2 Produktionsstufen durchlaufen werden. Auf der ersten Produktionsstufe wird eine Maschine eingesetzt, deren jährliche Abschreibung 60.000.- € beträgt. Das durchschnittlich gebundene Kapital beträgt 147.000.- €. Das Unternehmen rechnet mit einem Kalkulationszinsfuß von 10%. Die laufenden Betriebskosten betragen für Strom 5 kWh zu 0,10 €/kWh und für Kühl- und Schmierstoffe 32.- €/Tag. Die tägliche Wartung erfordert eine Stunde. Dafür wird ein Mitarbeiter benötigt, der einen Stundenlohn von 28.- € erhält, sowie Reinigungsmaterial und sonstige Teile in Höhe von 34.- €. Für Wagnisse, Versicherungen, Steuern usw. kalkuliert die Unternehmung jährlich 800.- €. Die Fertigungseinzelkosten in der Produktionsstufe 1 betragen 20.- € pro Stunde. Die Maschine läuft 8 Std. pro Tag an 250 Arbeitstagen. Pro Stunde können 1.000 Bleistifte hergestellt werden. In der Produktionsstufe 2 fallen Fertigungseinzelkosten von 0,01 € pro Stück an, der Gemeinkostenzuschlagssatz dieser Stelle beträgt 200% auf die Fertigungseinzelkosten dieser Stufe. Die Materialeinzelkosten betragen 0,04 € pro Mengeneinheit. Der Materialkostenzuschlagssatz von 25% ist bezogen auf die Materialeinzelkosten. An Verwaltungsgemeinkosten werden 25%, an Vertriebsgemeinkosten 12,5% auf die Herstellkosten kalkuliert. Ermitteln Sie den Maschinenstundensatz in der Fertigungsstufe 1.

A: Bei einem Maschinenstundensatz von 60 € je Stunde betragen die Herstellungskosten pro Stift 0,20 €.

B: Der Maschinenstundensatz in der Fertigungsstufe 1 beträgt 50 € je Stunde.

C: Die Selbstkosten je Stift betragen 0,26 €.

D: Der Maschinenstundensatz in der Fertigungsstufe 1 beträgt 42,65 € je Stunde.

Aktivischer Rechnungsabgrenzungsposten

97. Eine AG hatte am 5. März 07 eine Maschine angeschafft. Die Anschaffungskosten beliefen sich auf 360.000 €. Der Anschaffungsvorgang wurde zutreffend gebucht. Die betriebsgewöhnliche Nutzungsdauer ist mit zwölf Jahren anzunehmen. Zur Finanzierung des Kaufpreises nahm die AG ein Darlehen in Höhe von 330.000 € bei der A-Bank auf. Das Darlehen wird mit 5,0% nachschüssig verzinst; es wurde ein Disagio von 2% vereinbart. Das Darlehen wird in zehn gleich hohen Jahresbeträgen, beginnend am 1. April 08, zurückgezahlt. Die Auszahlung des Kredites erfolgte am 1. April 07 und wurde gebucht: Bankgirokonto 323.400 € an Verbindlichkeiten gegenüber Kreditinstituten 323.400 €. Am folgenden Tag wurde der Kaufpreis an den Maschinenlieferanten entrichtet. Da die Maschine auf einem völlig neuen technischen Prinzip basiert, wodurch die Umwelt mit wesentlich weniger Schadstoffen belastet wird, wurde vom zuständigen Landesministerium am 12. Februar 07 ein Zuschuss zu den Anschaffungskosten in Höhe von 20.000 € verbindlich zugesagt, der am 1. April 07 überwiesen und gebucht wurde: Bankgirokonto 20.000 € an technische Anlagen und Maschinen 20.000 € Mit welchem Wert wird das Disagio zum 31.12.2007 ausgewiesen?

A: 0 €

B: 5.500 €

C: 5.700 €

D: 6.105 €

98. Für eine Investition hat ein Unternehmen ein zehnjähriges Darlehen aufgenommen. Die Verzinsung beträgt 6,75%; Zinsen und Tilgung werden in vierteljährlichen gleichbleibenden Raten nachträglich gezahlt und durch die Hausbank jeweils zum Fälligkeitstag abgebucht. In welcher Höhe wird der aktivische Rechnungsabgrenzungsposten im ersten Vierteljahr aufgelöst, wenn der Betrag des aktivischen Rechnungsabgrenzungspostens 600.000 € beträgt?

A: 60.000 €

B: 4.000 €

C: 15.000 €

D: 29.268,29 €

99. Zur Finanzierung des Baues der neuen Produktionshalle hatte die AG bei der "A-Bank", Basel, einen Kredit mit 10-jähriger Laufzeit in Höhe von 7.000.000 Schweizer Franken (CHF) aufgenommen. Dieser war durch die Hausbank in Kiel vermittelt worden und wird auch von dieser verwaltet. Der Kredit wurde am 1. Oktober 01 in Höhe von 94% zur Verfügung gestellt. Die Verzinsung beträgt 6,75%; Zinsen und Tilgung werden in vierteljährlichen gleichbleibenden Raten nachträglich gezahlt und durch die Hausbank jeweils zum Fälligkeitstag abgebucht. Die erste Rate war am 31. Dezember 01 zu entrichten. Die Hausbank In Kiel erteilte am 30. September an die AG die folgende Abrechnung: Darlehen der A-Bank 7.000.000 CHF Auszahlung zu 94% 6.580.000 CHF Verwaltungs- und Bearbeitungsgebühren der A-Bank 6.200 CHF 6.573.800 CHF entspricht bei einem Kurs von (1 CHF =) 1,28 € 8.414.460 € eigene Vermittlungsprovision 25.000 € Wir schreiben auf Ihrem Konto gut: 8.389.460 € Wegen der mit der Währungsumstellung verbundenen Arbeitsbelastung der Hausbank wurde die erste Zins- und Tilgungsrate erst am 2. Januar 02 eingezogen. Der Wechselkurs am 31. Dezember betrug (1 CHF =) 1,32 € und bei Bilanzaufstellung (umgerechnet) 1,28 €. Die AG buchte die Darlehensgewährung: Bankgirokonto 8.389.460 € an Verbindlichkeiten gegenüber Kreditinstituten 8.389.460 € Weitere Buchungen sind bisher nicht erfolgt. In welcher Höhe wird ein aktivischer Rechnungsabgrenzungsposten gebildet?

A: 537.600 €

B: 420.000 €

C: 426.200 €

D: 545.536 €

Allgemeine Aussagen

100. Net working capital ist die Differenz zwischen ...

A: Umlaufvermögen und kurzfristigen Verbindlichkeiten

B: Anlagevermögen und langfristigen Verbindlichkeiten

C: Gesamtvermögen und Verbindlichkeiten

D: Eigenkapital und Zahlungsmitteln

101. Welche der folgenden Analysen ist nicht Teil der Bilanzanalyse?

A: Vermögensanalyse

B: Ertragsanalyse

C: Zukunftsanalyse

D: Finanzanalyse

102. Welche der folgenden Aussagen zum Verschuldungsgrad ist falsch?

A: Der Verschuldungsgrad ermittelt sich aus dem Verhältnis von Fremdkapital zu Eigenkapital.

B: Ein hoher Verschuldungsgrad wirkt positiv bei positivem Leverage-Effekt.

C: Ein hoher Verschuldungsgrad ist generell negativ.

D: Ein niedriger Verschuldungsgrad bedeutet gleichzeitig eine hohe Eigenkapitalquote.

103. Welche der folgenden Aussagen zur Anlageintensität ist richtig?

A: Eine hohe Anlageintensität ist generell positiv zu sehen.

B: Eine hohe Anlageintensität ist generell negativ zu sehen.

C: Eine hohe Anlageintensität zeigt, dass das Unternehmen ein relativ hohes Umlaufvermögen hat.

D: Eine hohe Anlageintensität zeigt, dass das Unternehmen ein relativ geringes Umlaufvermögen hat.

104. Welche der folgenden Aussagen zur Eigenkapitalquote ist richtig?

A: Je höher die Eigenkapitalquote, desto besser.

B: Eine niedrige Eigenkapitalquote ist immer positiv, da nur wenig hoch verzinsliches Eigenkapital vorhanden ist.

C: Eine hohe Eigenkapitalquote ist aus Bonitätsgründen positiv, aus Rentabilitätsgründen aber negativ zu sehen.

D: Eine Eigenkapitalquote von unter 15% ist branchenunabhängig als Warn-
signal zu interpretieren.

105. Welche der folgenden Aussagen zur Liquiditätsanalyse ist falsch?

A: Die Liquidität 1. Grades beinhaltet im Zähler die Zahlungsmittel, im Nenner
die kurzfristigen Verbindlichkeiten

B: Die Liquidität 2. Grades beinhaltet im Zähler die Zahlungsmittel und die
Forderungen, im Nenner die kurzfristigen Verbindlichkeiten

C: Die Liquidität 3. Grades beinhaltet im Zähler das Umlaufvermögen, im Nenner die kurzfristigen Verbindlichkeiten

D: Die Liquiditätskennzahlen verwenden im Zähler nie die Vorräte

106. Welche der folgenden Aussagen zur Schuldentilgungsdauer ist falsch?

A: Die Schuldentilgungsdauer ergibt sich aus (Fremdkapital - Zahlungsmittel) /
Cash-flow

B: Die Schuldentilgungsdauer ist eine statische Kennzahl.

C: Die Schuldentilgungsdauer berücksichtigt keine unterschiedlichen Restlaufzeiten.

D: Eine niedrige Schuldentilgungsdauer schützt nicht unbedingt vor Illiquidität.

Aufwendungen

107. Die AG hat im Oktober 06 eine Spezialschleifmaschine an einen Kunden
nach Köln geliefert. Im Werklieferungsvertrag war eine einjährige Garantie
übernommen worden. Der in Rechnung gestellte Betrag in Höhe von
1.000.000 € zuzüglich 19% Umsatzsteuer ist vereinbarungsgemäß vom Kunden bis auf 100.000 € zuzüglich 19% Umsatzsteuer bezahlt worden. Im vorläufigen Jahresabschluss zum 31. Dezember 07 ist die Forderung deshalb noch
in Höhe von 119.000 € bilanziert. Im Februar 07 beanstandete der Kunde,
dass die bei Inbetriebnahme gemessene Schleifpräzision nicht mehr erreicht
werde. Nach Ablehnung eines Vergleichsvorschlages hat die AG einen Prozess angestrengt und auf die volle Bezahlung des Kaufpreises geklagt. Mit
Urteil vom 10. November 07 wurde entschieden, dass die AG einen Preisnachlass in Höhe von 100.000 € zuzüglich 19% Umsatzsteuer zu gewähren

hat. Daraufhin erhob der Kunde am 5. Dezember 07 seinerseits Klage gegenüber der AG und machte folgende Ansprüche aufgrund der mangelhaften Schleifmaschine geltend: Schadenersatzleistungen 200.000 € Gutachterkosten 8.000 € Prozesskosten erstes Verfahren (Klage der AG) 10.000 € Prozesskosten zweites Verfahren (Klage des Kunden) 15.000 € Der AG sind bislang für das erste Verfahren eigene Anwalts- und Gerichtsgebühren in Höhe von 12.000 € (zuzüglich Umsatzsteuer) entstanden, die im Jahr 07 zutreffend gebucht wurden. Für das zweite Verfahren, d. h. die Klage des Kunden, sind eigene Prozesskosten in Höhe von 20.000 € (zuzüglich Umsatzsteuer) zu erwarten. Die Ursache für die Mängel liegt an Fertigteilen, die die AG ihrerseits von einem Lieferanten aus Bonn bezogen hat. Mit Schreiben vom 15. Dezember 07 hat der Lieferant die Mängelrüge anerkannt und eine Zahlung in Höhe von 250.000 € bis Mitte Januar 08 angekündigt. Weitere Rechte bestehen gegen den Vorlieferanten nicht. Bislang hat die AG im vorläufigen Jahresabschluss zum 31. Dezember 07 eine Rückstellung in folgender Höhe gebildet und zutreffend gebucht: Gutachter 8.000 € gegnerische Prozesskosten für das erste Verfahren 10.000 € Gesamt 18.000 € Die eigenen Prozesskosten für das zweite Verfahren werden von der AG laufend entsprechend der vorliegenden Rechnungen bezahlt. Sollte die AG unterliegen, ist mit der Zahlung der eingeklagten Beträge (Schadenersatzleistungen sowie Gutachterkosten und gegnerische Prozesskosten) aufgrund der zu erwartenden Dauer des zweiten Verfahrens erst Ende Dezember 07 zu rechnen. Welche Zuführung zu den Rückstellungen ist handelsrechtlich zu buchen?

A: 211.234 €

B: 229.234 €

C: 235.000 €

D: 0 €

108. Eine AG hat am 1. Januar ein Grundkapital von 4.000.000 €, Kapitalrücklagen über 3.900.000 €, gesetzliche Rücklagen über 425.000 € und satzungsmäßige Rücklagen über 1.500.000 €. Das Grundkapital ist in 1-€-Aktien aufgeteilt. Die Hauptversammlung hat am 5. August die Erhöhung des Grundkapitals im Verhältnis 10:1 zu einem Ausgabekurs von 20 € je Aktie beschlossen. Die gesamte Kapitalerhöhung wurde von einem Bankenkonsortium, das insgesamt 3% des Gesamtbetrages als Provision erhalten hat, übernommen und durch Bankgutschrift bezahlt. Wie hoch ist die Höhe der Provision?

A: 2.400.000 €

B: 228.000 €

C: 240.000 €

D: 12.000 €

109. Wie hoch sind die Abschreibungen auf ein Produktionsgebäude mit einer Nutzungsdauer von 40 Jahren und einer Fertigstellung am 1.12., wenn die Herstellungskosten 2.000.000 € betragen? Die Bilanz wird zum 31.12. erstellt.

A: 3.333,33 €

B: 40.000 €

C: 20.000 €

D: 10.000 €

110. Wie hoch sind die Abschreibungen auf einen Parkplatz mit einer Nutzungsdauer von zehn Jahren, wenn die Herstellungskosten 120.000 € betragen und der Parkplatz am 1.12. fertiggestellt wird, in der Bilanz zum 31.12.?

A: 12.000 €

B: 1.000 €

C: 6.000 €

D: 3.000 €

111. Zur Finanzierung des Baues der neuen Produktionshalle hatte die AG bei der "A-Bank", Basel, einen Kredit mit 10-jähriger Laufzeit in Höhe von 7.000.000 Schweizer Franken (CHF) aufgenommen. Dieser war durch die Hausbank in Kiel vermittelt worden und wird auch von dieser verwaltet. Der Kredit wurde am 1. Oktober 01 in Höhe von 94% zur Verfügung gestellt. Die Verzinsung beträgt 6,75%; Zinsen und Tilgung werden in vierteljährlichen gleichbleibenden Raten nachträglich gezahlt und durch die Hausbank jeweils zum Fälligkeitstag abgebucht. Die erste Rate war am 31. Dezember 01 zu entrichten. Die Hausbank In Kiel erteilte am 30. September an die AG die folgende Abrechnung: Darlehen der A-Bank 7.000.000 CHF Auszahlung zu 94% 6.580.000 CHF Verwaltungs- und Bearbeitungsgebühren der A-Bank 6.200 CHF 6.573.800 CHF entspricht bei einem Kurs von (1 CHF =) 1,28 € 8.414.460 € eigene Vermittlungsprovision 25.000 € Wir schreiben auf Ihrem Konto gut: 8.389.460 € Wegen der mit der Währungsumstellung verbundenen Arbeitsbelastung der Hausbank wurde die erste Zins- und Tilgungsrate erst am 2. Januar 02 eingezogen. Der Wechselkurs am 31. Dezember betrug (1 CHF =) 1,32 € und bei Bilanzaufstellung (umgerechnet) 1,28 €. Die AG buchte

die Darlehensgewährung: Bankgirokonto 8.389.460 € an Verbindlichkeiten gegenüber Kreditinstituten 8.389.460 € Weitere Buchungen sind bisher nicht erfolgt. In welcher Höhe wird die erste Zinsrate gebucht?

A: 604.800 €

B: 155.925 €

C: 151.200 €

D: 623.700 €

Buchungssätze

112.Die Solar-AG erhält am 10.11. von der Hybrid-AG einen Auftrag zur Lieferung von einer Solaranlage im Wert von 1.000.000 € zzgl. 19% USt. Die Lieferung soll am 2.2. erfolgen. Gemäß Kaufvertrag leistet die Hybrid-AG eine Anzahlung von 238.000 € (inkl. 19% USt). Welcher Buchungssatz bildet diese Anzahlung bei der Solar-AG richtig ab?

A: erhaltene Anzahlungen 200.000 €

   Vorsteuer 38.000 €   an Bank 238.000 €

B: erhaltene Anzahlungen 238.000 € an Bank 238.000 €

C: Bank 238.000 € an erhaltene Anzahlungen 238.000 €

D: Bank 238.000 €   an   erhaltene Anzahlungen 200.000 €

   Umsatzsteuer 38.000 €

113. Eine Unternehmung erwirbt im Januar 01 eine neue Maschine für € 100.000; die Nutzungsdauer wird mit 5 Jahren eingeschätzt. Die Zahlung erfolgt in zwei Raten jeweils zur Hälfte durch Banküberweisung. Die erste Rate ist sofort fällig, die zweite ein halbes Jahr später. Umsatzsteuer bleibt unberücksichtigt. Welcher der folgenden Buchungssätze ist falsch?

A: Buchung bei Anschaffung und Zahlung der ersten Rate:

Technische Anlagen   an   Verbindlichkeiten

und Maschinen   50.000 €

100.000 €   Bank

                                           50.000 €

B: Buchung bei Zahlung der zweiten Rate:

Verbindlichkeiten	an	Bank
50.000 €		50.000 €

C: Buchung am Jahresende 2001

Abschreibungen auf SAV	an	Technische Anlagen
		und Maschinen
20.000 €		20.000 €

D: Im Januar 2002 ist die Anlage wegen Überhitzung nicht mehr funktionstüchtig. Damit ist die Anlage wertlos, das Unternehmen ist aber gegen solche Fälle versichert. Die Versicherung zahlt sofort per Überweisung 100.000 €.

Abschreibungen auf SAV	an	Technische Anlagen
		und Maschinen
80.000 €		80.000 €

114. Gegeben sind folgende Sachverhalte: 1) Eine Maschine mit Restbuchwert i.H.v. 3.000 € wird zu einem Verkaufspreis i.H.v. 4.000 € (netto) verkauft. 2) Das Konkursverfahren gegen die XY-GmbH ist mangels Masse abgelehnt worden. Unsere Forderungen an die XY-GmbH betragen 23.200 € (brutto). 3) Eine Forderung in Höhe von 15.000 € (brutto) wird als zweifelhaft eingeschätzt. Sie wird nur noch zu 20% als einbringbar angesehen. Welcher der folgenden Buchungssätze ist falsch?

A: Bank 4.760 an Maschinen 3.000
an sonst. betr. Erträge 1.000
an USt 760

B: Abschr auf Ford 20.000 an Forderung LuL 23.800
Umsatzsteuer 3.800

C: zweifelhafte Forderungen an Forderungen 15.000
Abschr. auf Forderungen an zweifelhafte Ford. 12.000

D: Forderung LuL 23.800 an Abschr. auf Forderungen 20.000
an Umsatzsteuer 3.800

115. Welche der folgenden Antworten ist richtig?

A: Kauf einer Produktionsanlage für 100 T€. Zahlung nach 60 Tagen durch Banküberweisung

Technische Anlagen	an	Guthaben bei
und Maschinen		Kreditinstituten
100 T€		100T€

B: Die Maschine hat eine Nutzungsdauer von 10 Jahren. Es wird linear abgeschrieben.

Abschreibungen auf	an	Technische Anlagen und
immaterielle Vermögens-		Maschinen
gegenstände und Sachanlagen		
10 T€		10 T€

C: Es wird ein Kredit in Höhe von 50 T€ aufgenommen, der als Liquiditätsreserve vorgesehen ist.

| Kapitalrücklagen | an | Bankguthaben |
| 50 T€ | | 50 T€ |

D: Zahlung von Gehältern der Vorstandsmitglieder 100 T€.

Gewinn- und Verlustrechnung	an	Guthaben bei
		Kreditinstituten
100 T€		100 T€

116. Welche der folgenden Aussagen ist falsch?

A: Die Gewinn- und Verlustrechnung ist ein Unterkonto zum Eigenkapitalkonto. Folglich geht der Saldo der GuV nicht sofort in die Bilanz, sondern er wird erst i.d.R. auf dem Eigenkapitalkonto erfasst. Ist vor Bilanzaufstellung schon ein Beschluss über die Bildung von Rücklagen gefasst, geht der Betrag, der thesauriert werden soll, direkt in die Rücklagen, während der Rest als Bilanzgewinn ausgewiesen wird.

B: Grundsätzlich ist jeder Vermögensgegenstand zu bilanzieren, wenn ihm nicht ein Bilanzierungsverbot oder -wahlrecht entgegen steht. Ein Vermögensgegenstand liegt vor, wenn er selbstständig verwertbar ist und im wirtschaftlichen Eigentum des bilanzierenden Unternehmens steht.

C: Zu den Bilanzierungsverboten zählen sämtliche immateriellen Vermögensgegenstände. Nur für den Fall, dass die Bilanzierung von immateriellen Vermögensgegenständen ein der Generalnorm entsprechendes Bild der Vermögens-, Finanz- und Ertragslage besser wiedergeben würde, dürfen immaterielle Vermögensgegenstände bilanziert werden.

D: Das Einzelbewertungsprinzip besagt, dass alle Vermögensgegenstände und Schulden einzeln zu bewerten sind. Davon gibt es jedoch auch Ausnahmen wie bspw. das Festwertverfahren, die Gruppenbewertung und das Verbrauchsfolgeverfahren, die der Vereinfachung des Bilanzierungsvorganges dienen sollen, aber häufig auch bilanzpolitisch genutzt werden.

Eigenkapital

117. Das Grundkapital einer AG beträgt am 1.1. 4.000.000 €, die Kapitalrücklagen 3.900.000 €, die gesetzliche Rücklagen 425.000 € und die satzungsmäßige Rücklagen 1.500.000 €. Das Grundkapital ist in 1-€-Aktien aufgeteilt. Die Hauptversammlung hat am 5. August die Erhöhung des Grundkapitals im Verhältnis 10:1 zu einem Ausgabekurs von 20 € je Aktie beschlossen. Die gesamte Kapitalerhöhung wurde von einem Bankenkonsortium, das insgesamt 3% des Gesamtbetrages als Provision erhalten hat, übernommen und durch Bankgutschrift bezahlt. Wie hoch ist der Gesamtbetrag der Kapitalerhöhung?

A: 8.000.000 €

B: 400.000 €

C: 7.760.000 €

D: 7.600.000 €

118. Das Grundkapital der AG beträgt 40 Mio. €, wobei jede der 40 Mio. Aktien einen Nennwert von 1 € verbrieft. Die Aktien waren mit der Gründung ausgegeben worden und wurden von den Anteilseignern zu 10 € je Aktie gezeichnet. Auf Beschluss der Hauptversammlung vom 12. April 2011 wurde der Vorstand der AG ermächtigt, 1.000.000 Aktien der eigenen Gesellschaft zu erwerben (§ 71 Abs. 1 Nr.8 AktG). Nach einer längeren Phase der Marktbeobachtung kaufte die AG am 12. November 2011 an der Börse Frankfurt 1.000.000 eigene Aktien zu einem Kurs von 21 € je Aktie zuzüglich Nebenkosten von 0,5 %. Am 31. Dezember 2011 war der Börsenkurs auf 17 € gefallen. Bis zur Bilanzaufstellung hatte sich der Kurs hingegen auf 22 € erholt. Mit welchem Wert werden die eigenen Aktien handelsrechtlich in der Bilanz ausgewiesen?

A: 21.000.000 €

B: 21.105.000 €

C: 17.085.000 €

D: 0 €

119. Die AG hat am 1. Januar ein Grundkapital von 4.000.000 €, Kapitalrücklagen über 3.900.000 €, gesetzliche Rücklagen über 425.000 € und satzungsmäßige Rücklagen über 1.500.000 €. Das Grundkapital ist in 1-€-Aktien aufgeteilt. Die Hauptversammlung hat am 5. August die Erhöhung des Grundkapitals im Verhältnis 10:1 zu einem Ausgabekurs von 20 € je Aktie beschlossen. Die gesamte Kapitalerhöhung wurde von einem Bankenkonsortium, das insgesamt 3% des Gesamtbetrages als Provision erhalten hat, übernommen und durch Bankgutschrift bezahlt. Um welchen Betrag erhöht sich die Kapitalrücklage?

A: 0 €

B: 7.600.000 €

C: 4.000.000 €

D: 8.000.000 €

120. Mit der B-AG hat die AG eine enge Geschäftsbeziehung. Die AG will deshalb 50.000 Aktien der B-AG erwerben. Da zurzeit nicht ausreichende Liquidität vorhanden ist, erwirbt die AG am 12.11.2011 zunächst 50.000 Optionen auf die B-AG für 2 € je Option zuzüglich 0,2% Courtage, die zu einem Kauf der Aktien zu 46 € berechtigen. Am 21.12.2011 werden die Optionen in Aktien getauscht. Kurs je Kaufoption Kurs je Aktie 12.11.2011 2 € 46 € 21.12.2011 26,50 € 71 € 31.12.2011 27,30 € 72 € 31.03.2012 33,50 € 78 € Mit welchem Wert werden die Aktien zum 31.12.2011 bilanziert?

A: 2.300.200 €

B: 2.400.000 €

C: 2.300.000 €

D: 2.400.200 €

121. Welche der folgenden Aussagen ist falsch?

A: Im Eigenkapital werden auch „Kapitalrücklagen" gezeigt. Sie erfassen die Agiobeträge, die bei der Ausgabe junger Aktien entstehen, wenn der Ausgabekurs höher als der Nennwert ist.

B: Die Bildung von Rücklagen stellt eine finanzwirtschaftliche Zukunftsvorsorge dar, indem die Ausschüttungen des Geschäftsjahres der Bildung dieser Rücklagen reduziert werden und die Gegenwerte einem Sonderfonds für Investitionen zugeführt werden.

C: Bei der Bewertung von Verbindlichkeiten gibt es in der Regel keine Probleme: Sie sind zum Rückzahlungsbetrag auszuweisen. Damit entfallen auch bilanzpolitische Gestaltungsmöglichkeiten. Wertansätze für Verbindlichkeiten in fremder Währung sind allerdings dann zu korrigieren, wenn die Kurse für die fremde Währung gestiegen sind, weil dann ein höhere €-Betrag für die Verbindlichkeiten aufzubringen ist. Gewinne aus Kurssenkungen dürfen hingegen nicht berücksichtigt werden, weil dies dem Realisationsprinzip widerspräche.

D: Der Ausweis der einzelnen Kategorien der Verbindlichkeiten ist bei Kapitalgesellschaften durch die Angabe der Restlaufzeiten und der Sicherheiten zu ergänzen, und zwar sind die Restlaufzeiten bis zu einem Jahr und über fünf Jahre anzugeben.

122. Welche der folgenden Aussagen ist falsch?

A: Jeder Gewinn ist eine Vermögensmehrung, jeder Verlust eine Vermögensminderung! Dies wirkt sich vorzugsweise auf die Kassenbestände und Bankguthaben, also auf die Liquidität der Unternehmung aus.

B: „Andere Gewinnrücklagen" werden aus dem Ergebnis, dem Jahresüberschuss" freiwillig gebildet. Sie können später mit Verlusten verrechnet werden oder berechtigen zu Ausschüttungen, allerdings nur, soweit sie nicht wegen Nutzung von Bilanzierungshilfen „ausschüttungsgesperrt" sind.

C: Bilanzpolitik wird von den Unternehmen häufig zur Steuerung der Höhe des Periodengewinns, mithin zur Steuerung der Höhe des Eigenkapitals betrieben. Jeder Gewinn (Ertrag) erhöht das Eigenkapital, jeder Verlust (Aufwand) mindert das Eigenkapital.

D: Der Jahresüberschuss wird aus der Gewinn- und Verlustrechnung nur dann in die Bilanz übernommen, wenn am Bilanzstichtag noch nichts über die Gewinnverwendung beschlossen wurde. Wurde über die Verwendung des Jahresüberschusses bereits beschlossen, wird derjenige Teil vom Jahresüberschuss, über dessen Verwendung noch nichts beschlossen wurde, als Bilanzgewinn ausgewiesen.

123. Welche der folgenden Aussagen ist falsch?

A: Aufgrund der umfangreichen Möglichkeiten, Bilanzpolitik zu betreiben, schreibt das HGB vor, Rückstellungen zu bilden. Sie dienen dazu, Verluste zu tilgen, wenn das Eigenkapital in seiner Höhe dazu nicht mehr ausreicht. Dazu werden die Rückstellungen auf ein gesondertes Bankkonto eingezahlt, um später über die Liquidität zu verfügen.

B: Das Eigenkapital stellt das Reinvermögen der Unternehmung dar. Es ist das Kapital, dass nach Abzug aller Schulden von den Vermögensgegenständen übrig bleibt und im Falle der Liquidation des Unternehmens an die Eigentümer ausgeschüttet werden kann.

C: Die Kapitalrücklage und die gesetzliche Rücklage dürfen nicht zur Ausschüttung an die Aktionäre verwendet werden.

D: Rückstellungen werden gebildet für Aufwendungen, die ihre Ursache in der Abrechnungsperiode haben, noch nicht zu Zahlungen führten, deren Höhe und/oder Fälligkeitstermin aber noch nicht exakt feststehen.

124. Welche der folgenden Aussagen ist falsch?

A: Rückstellungen dienen der periodengerechten Erfolgsermittlung und der finanzwirtschaftlichen Zukunftsvorsorge, indem ihre Bildung den Aufwand erhöht, aber das Ergebnis und damit das Ausschüttungspotenzial reduziert.

B: Die Rücklagen setzen sich zusammen aus Kapitalrücklagen, gesetzlichen Rücklagen, satzungsmäßigen Rücklagen, Rücklagen für eigene Anteile und anderen Gewinnrücklagen. Für die Auflösung und Verwendung von Rücklagen gelten strenge Vorschriften. Beispielsweise dürfen die Kapitalrücklagen und die gesetzlichen Rücklagen niemals für Ausschüttungszwecke aufgelöst werden.

C: Sämtliche „andere Gewinnrücklagen" können ausgeschüttet werden, sofern sie nicht als Gegenposition zu bestimmten Aktivpositionen ausschüttungsgesperrt sind.

D: Die Bildung von Rücklagen stellt eine finanzwirtschaftliche Zukunftsvorsorge dar, indem die Ausschüttungen des Geschäftsjahres, in dem die Rücklagen gebildet werden, reduziert werden. Auf die Höhe der Besteuerung hat die Bildung von Rücklagen keinen Einfluss.

125. Welche der folgenden Aussagen ist falsch?

A: Verbindlichkeiten stehen der Höhe und der Fälligkeit nach fest, sie führen in der Zukunft zu einem Vermögensabfluss und damit zu einer wirtschaftlichen Belastung der Unternehmung.

B: Allen Risiken, Verlustgefahren und Wertminderungen von Vermögensgegenständen muss durch die Bildung von Rückstellungen Rechnung getragen
werden, damit nicht zuviel Gewinn ausgeschüttet wird.

C: Rückstellungen zählen zum Fremdkapital, Rücklagen hingegen zum Eigenkapital. Während Rückstellungen den Jahresüberschuss reduzieren (Gewinnermittlung), lassen Rücklagen den Jahresüberschuss unberührt und werden in der Regel aus versteuerten Gewinnen gebildet (Gewinnverwendung).

D: Das Eigenkapital stellt das Reinvermögen der Unternehmung dar. Es kann
sich dabei zusammensetzen aus dem gezeichneten Kapital, der Kapitalrücklage, der Gewinnrücklage und gegebenenfalls aus dem Gewinn- / Verlustvor-
trag, dem Jahresüberschuss / -fehlbetrag oder dem Bilanzgewinn / -verlust.

126. Welche der folgenden Aussagen ist falsch?

A: Ein „nicht durch Eigenkapital gedeckter Fehlbetrag" liegt vor, wenn die Verbindlichkeiten und Rückstellungen zusammen größer sind als die bilanzierten
Werte der Vermögensgegenstände. Dieser Fehlbetrag kann ein Anzeichen für
die Überschuldung der Unternehmung sein. Dies führt aber nicht in jedem Fall
zu einem Konkursverfahren, da in den Vermögensgegenständen erhebliche
stille Reserven stecken können. In dem Fall reicht der tatsächliche Wert der
Vermögensgegenstände aus, die Verbindlichkeiten und Rückstellungen zu de-
cken.

B: Eine Kapitalgesellschaft kann auf zwei Wegen das gezeichnete Kapital erhöhen. Zum einen durch Ausgabe neuer Aktien und zum anderen durch Um-
wandlung von Rücklagen. Allerdings fließen nur im ersten Fall der Unternehmung zusätzliche finanzielle Mittel zu.

C: Das Eigenkapital ist mit der Höhe des „Reinvermögens" identisch. Dieses
stellt den Teil des Vermögens dar, der nach Abzug aller Rückstellungen und
Verbindlichkeiten verbleibt und im Liquidationsfall den Eigentümern zusteht.
Diese Interpretation macht auch verständlich, dass das Eigenkapital „Haftungskapital" genannt wird, da es sich schützend vor das Fremdkapital stellt.

D: Hält eine Unternehmung eigene Anteile, so ist in gleicher Höhe im Eigenkapital eine „Rücklage für eigene Anteile" zu bilden. Sinn dieser Vorschrift ist
es, zu verhindern, dass das Unternehmen unnötige finanzielle Mittel an sich
selbst zahlen muss.

127. Welche der folgenden Aussagen ist richtig?

A: Rückstellungen und Rücklagen erhöhen die Kassenbestände bzw. Bankguthaben der Unternehmung und damit die Liquidität. Auf diese Weise wirken sie stabilisierend und sichern die Existenz der Gesellschaft.

B: Rückstellungen müssen gebildet werden für ungewisse Verbindlichkeiten, drohende Verluste aus schwebenden Geschäften und für Gewährleistungen ohne rechtliche Verpflichtung.

C: Rückstellungen werden insbesondere in Zeiten schlechter Konjunkturlage und schleppenden Auftragseinganges gebildet, um für Krisen vorzusorgen.

D: Das Eigenkapital stellt das Reinvermögen der Unternehmung dar. Es steht dem Unternehmen jederzeit in liquider Form zur Verfügung und eignet sich in erster Linie besonders für Schuldentilgung.

128. Welche der folgenden Aussagen ist richtig?

A: Verbindlichkeiten sind mit ihrem Rückzahlungsbetrag anzusetzen, es sei denn, es handelt sich um solche in fremder Währung, bei denen ggf. ein höherer Stichtagskurs der Valuta zu berücksichtigen ist, der dem Vorsichtsprinzip entsprechend zu einem höheren Wertansatz der Verbindlichkeit führen muss.

B: Rückstellungen stellen eine finanzwirtschaftliche Zukunftsvorsorge der Unternehmung dar, weil sie jederzeit in liquider Form zur Verfügung stehen.

C: Rückstellungen unterscheiden sich von den Rücklagen in der Weise, dass sie verpflichtend gebildet werden müssen und somit als Verbindlichkeit zu klassifizieren sind. Rücklagen werden von der Unternehmung freiwillig gebildet und haben daher Eigenkapitalcharakter.

D: Das gezeichnete Kapital ist das Haftungskapital der Gesellschaft. Es muss von den Gesellschaftern voll eingezahlt werden, um die Haftung gegenüber den Gläubigern zu gewährleisten.

129. Welche der folgenden Aussagen ist richtig?

A: Gewinnrücklagen bestehen bei Kapitalgesellschaften aus gesetzlichen Rücklagen, Rücklagen für eigene Anteile, satzungsmäßigen Rücklagen und „anderen" Gewinnrücklagen. Diese stehen dem Unternehmen jederzeit in liquider Form zur Verfügung und können auch vor Liquidation der Gesellschaft an die Gesellschafter zurückgezahlt werden.

B: Passivierungspflicht für Pensionsrückstellungen besteht nur für solche Pensionszusagen, die nach dem 1.1.1987 gemacht wurden. Für Zusagen vor diesem Stichtag besteht ein Passivierungswahlrecht.

C: Jeder Verlust stellt eine Vermögensminderung, jeder Gewinn eine Vermögensmehrung dar. Dies zeigt sich in der Bilanz durch jeweils entsprechende Veränderungen des „gezeichneten Kapitals" und der Liquidität.

D: Das Eigenkapital setzt sich zusammen aus dem gezeichneten Kapital, den Kapitalrücklagen und den Gewinnrücklagen. Letztere bestehen bei Kapitalgesellschaften aus gesetzlichen Rücklagen,

Erträge

130. Spezialwerkzeuge vertreibt die AG seit dem 1. Dezember 11 u. a. über die V-GmbH auf Kommissionsbasis. Am 1. Dezember 2007 überließ die AG der Kommissionärin 3.000 Werkzeuge zum Verkaufspreis (ohne USt) von 300.000 €. Nach dem abgeschlossenen Kommissionsvertrag erhält die V-GmbH eine Provision von 25 v. H. Die AG buchte bei Übergabe der Werkzeuge: Forderungen aus Lieferungen und Leistungen 357.000 € an sonstige Verbindlichkeiten (USt) 57.000 € an Umsatzerlöse 300.000 € Bis zum 31. Dezember 2007 hat die V-GmbH 1.202 Werkzeuge verkauft und nach Abzug ihrer Provision von 25 v. H. an die AG 90.150 € zuzüglich 17.128,50 € USt überwiesen. Die AG buchte bei Überweisung: Bankgirokonto 107.278,50 € an Forderungen aus Lieferungen und Leistungen 107.278,50 € Die Kostenrechnung der AG hat für die Spezialwerkzeuge die Verkaufspreise (ohne USt) wie folgt kalkuliert: Material- und Materialgemeinkosten 18 v. H. Fertigungs- und Fertigungsgemeinkosten 26 v. H. allgemeine Verwaltung 8 v. H. Vertrieb (einschl. Provision des Kommissionärs, Werbung, Beförderung und Versand) 32 v. H. Gewinn 16 v.H. 100 v. H. Die AG hat nur die innerhalb ihres Betriebsgeländes vorhandenen Spezialwerkzeuge im Inventar zum 31. Dezember 11 erfasst. In welcher Höhe sind Umsatzerlöse aus diesem Fall zu buchen?

A: 90.150 €

B: 209.850 €

C: 300.000 €

D: 107.279 €

Forderungen

131. Die AG hat im Oktober 11 eine Spezialschleifmaschine an einen Kunden nach Köln geliefert. Im Werklieferungsvertrag war eine einjährige Garantie übernommen worden. Der in Rechnung gestellte Betrag in Höhe von 1.000.000 € zuzüglich 19% Umsatzsteuer ist vereinbarungsgemäß vom Kunden bis auf 100.000 € zuzüglich 19% Umsatzsteuer bezahlt worden. Im vorläufigen Jahresabschluss zum 31. Dezember 11 ist die Forderung deshalb noch in Höhe von 119.000 € bilanziert. Im Februar 11 beanstandete der Kunde,

dass die bei Inbetriebnahme gemessene Schleifpräzision nicht mehr erreicht werde. Nach Ablehnung eines Vergleichsvorschlages hat die AG einen Prozess angestrengt und auf die volle Bezahlung des Kaufpreises geklagt. Mit Urteil vom 10. November 11 wurde entschieden, dass die AG einen Preisnachlass in Höhe von 100.000 € zuzüglich 19% Umsatzsteuer zu gewähren hat. Daraufhin erhob der Kunde am 5. Dezember 11 seinerseits Klage gegenüber der AG und machte folgende Ansprüche aufgrund der mangelhaften Schleifmaschine geltend: Schadenersatzleistungen 200.000 € Gutachterkosten 8.000 € Prozesskosten erstes Verfahren (Klage der AG) 10.000 € Prozesskosten zweites Verfahren (Klage des Kunden) 15.000 € Der AG sind bislang für das erste Verfahren eigene Anwalts- und Gerichtsgebühren in Höhe von 12.000 € (zuzüglich Umsatzsteuer) entstanden, die im Jahr 11 zutreffend gebucht wurden. Für das zweite Verfahren, d. h. die Klage des Kunden, sind eigene Prozesskosten in Höhe von 20.000 € (zuzüglich Umsatzsteuer) zu erwarten. Die Ursache für die Mängel liegt an Fertigteilen, die die AG ihrerseits von einem Lieferanten aus Bonn bezogen hat. Mit Schreiben vom 15. Dezember 11 hat der Lieferant die Mängelrüge anerkannt und eine Zahlung in Höhe von 250.000 € bis Mitte Januar 12 angekündigt. Weitere Rechte bestehen gegen den Vorlieferanten nicht. Bislang hat die AG im vorläufigen Jahresabschluss zum 31. Dezember 11 eine Rückstellung in folgender Höhe gebildet und zutreffend gebucht: Gutachter 8.000 € gegnerische Prozesskosten für das erste Verfahren 10.000 € Gesamt 18.000 € Die eigenen Prozesskosten für das zweite Verfahren werden von der AG laufend entsprechend der vorliegenden Rechnungen bezahlt. Sollte die AG unterliegen, ist mit der Zahlung der eingeklagten Beträge (Schadenersatzleistungen sowie Gutachterkosten und gegnerische Prozesskosten) aufgrund der zu erwartenden Dauer des zweiten Verfahrens erst Ende Dezember 11 zu rechnen. Wie wird die Forderung gegenüber dem Kunden handelsrechtlich in der Bilanz ausgewiesen?

A: 0 €

B: 100.000 €

C: 119.000 €

D: 59.500 €

Geschäftswert

132. Eine KG hat mit notariellem Vertrag vom 10.03. das Einzelunternehmen MODUS-Papierwarenfabrik zum Kaufpreis von 7,5 Mio. € übernommen; alle Vermögensgegenstände und Schulden wurden zum 1.4. auf die KG übertragen. Der KG liegen für die übernommenen Vermögensgegenstände und Schulden die Werte vor.

Bilanzposten	Buchwerte des Einzelunternehmens MODUS	Zeitwerte zum 01.04.07 in Mio. €

	zum 01.04. in Mio. €	
Grundstücke	0,4	0,8
Gebäude	1,0	1,2
technische Anlagen und Maschinen und Anlagen	4,0	4,2
Betriebs- und Geschäftsausstattung	0,7	0,7
Wertpapiere des Anlagevermögens	0,2	0,2
Vorräte	3,4	3,5
Wertpapiere des Umlaufvermögens	1,5	1,5
Forderungen	1,6	1,6
Summe Aktiva	12,8	13,7
Schulden	8,6	8,6

Die Zugänge der aufgeführten Vermögensgegenstände und der Schulden wurden zutreffend gebucht. Der Unterschiedsbetrag zum Kaufpreis von 7,5 Mio. € wurde als "sonstiger betrieblicher Aufwand" behandelt. Die Abschreibungen der aufgeführten Vermögensgegenstände bis zum 31.12. sind zutreffend ermittelt und gebucht worden. In welcher Höhe besteht ein aktivischer Unterschiedsbetrag?

A: 3.300.000 €

B: 3.000.000 €

C: 2.400.000 €

D: 0 €

Immaterielle Vermögensgegenstände

133. Am 21. August hat sich eine AG mit 60 % am Kapital einer Aktiengesellschaft aus der IT-Branche beteiligt. Der Kaufpreis betrug 14.000.000 €. Die Notariatskosten und Rechtsanwaltskosten beliefen sich auf 760.000 € zzgl. USt. Die Maklergebühr an die ABC-Consulting AG belief sich auf 220.000 € zzgl. USt. Am 31. Dezember ist durch die Entwicklung in der IT -Branche der beizulegende Wert/Teilwert nach objektiver Einschätzung dauerhaft auf 12.000.000 € gesunken. In welcher Höhe sind Abschreibungen zu bilden?

A: 2.000.000 €

B: 2.220.000 €

C: 2.760.000 €

D: 2.980.000 €

134. Eine AG hat am 1. Januar 02 eine andere Firma übernommen. Der ermittelte Firmenwert von 300.000 € ist wie in den Vorjahren übereinstimmend mit der steuerlichen Gewinnermittlung für das Jahr 07 abzuschreiben. Mit welchem Wert steht der Firmenwert zum 31.12.07 in der Bilanz der AG?

A: 300.000 €

B: 180.000 €

C: 120.000 €

D: 0 €

Passivischer Unterschiedsbetrag

135. Eine KG hat mit notariellem Vertrag vom 10.03.07 das Einzelunternehmen MODUS-Papierwarenfabrik zum Kaufpreis von 7,5 Mio. € übernommen; alle Vermögensgegenstände und Schulden wurden zum 1.4.07 auf die KG übertragen. Der KG liegen für die übernommenen Vermögensgegenstände und Schulden die Werte vor.

Bilanzposten	Buchwerte des Einzelunternehmens MODUS zum 01.04.07 in Mio. €	Zeitwerte zum 01.04.07 in Mio. €
Grundstücke	0,4	0,8
Gebäude	1,0	1,2
technische Anlagen und Maschinen und Anlagen	4,0	4,2
Betriebs- und Geschäftsausstattung	0,7	0,7
Wertpapiere des Anlagevermögens	0,2	0,2
Vorräte	3,4	3,5
Wertpapiere des Umlaufvermögens	1,5	1,5

Forderungen	1,6	1,6
Summe Aktiva	12,8	13,7
Schulden	8,6	8,6

Die Zugänge der aufgeführten Vermögensgegenstände und der Schulden wurden zutreffend gebucht. Der Unterschiedsbetrag zum Kaufpreis von 7,5 Mio. € wurde als "sonstiger betrieblicher Aufwand" behandelt. Die Abschreibungen der aufgeführten Vermögensgegenstände bis zum 31.12.07 sind zutreffend ermittelt und gebucht worden. In welcher Höhe besteht ein passivischer Unterschiedsbetrag?

A: 3.300.000 €

B: 3.000.000 €

C: 2.400.000 €

D: 0 €

Rückstellungen

136. Die AG beabsichtigt, aufgrund des folgenden Sachverhalts im Jahresabschluss zum 31. Dezember 10 Rückstellungen zu bilden. Die AG stellt jeweils zum 31. Dezember eines Kalenderjahres ihren handelsrechtlichen Abschluss nach den für große Kapitalgesellschaften geltenden Gliederungsvorschriften der §§ 266, 268 und 275 HGB unter Beachtung der steuerrechtlichen Vorschriften auf und legt den Jahresabschluss soweit möglich grundsätzlich unverändert der steuerrechtlichen Gewinnermittlung zugrunde (Handelsbilanz = Steuerbilanz). Die AG war im Januar 1913 gegründet worden. Vorstand und Aufsichtsrat beschlossen daher in 10, das 100-jährige Bestehen des Unternehmens zur Außendarstellung zu nutzen. Geplant wurde die Herausgabe einer Firmenchronik und die Durchführung von Festveranstaltungen. Die Aufwendungen hätten zum 31. Dezember 2010 insgesamt ca. 75.000 € betragen. Zum 31. Dezember 2011 ist mit einer Preissteigerung von ca. 10 v. H. zu rechnen. In welcher Höhe sind handelsrechtlich Rückstellungen zu bilden?

A: 0 €

B: 75.000 €

C: 82.500 €

D: 90.000 €

137. Die AG beabsichtigt, aufgrund der folgenden Sachverhalte im Jahresabschluss zum 31. Dezember 07 Rückstellungen zu bilden. Im Kantinenbereich der AG befindet sich auch eine Küchenanlage. Nach einer Kontrolle forderte die Umweltbehörde die AG mit Bescheid vom 15. November 07 auf, erstmals einen Fettabscheider in den Abwasserabfluss einzubauen. Laut Kostenvoranschlag eines Fachbetriebes war mit Aufwendungen von 15.000 € zzgl. USt zu rechnen. Nach Auftragserteilung im Januar 08 wurde der Fettabscheider im April 2008 für 16.000 € zuzügl. USt eingebaut und in Betrieb genommen. Die betriebsgewöhnliche Nutzungsdauer beträgt fünf Jahre. In welcher Höhe sind Rückstellungen zu bilden?

A: 15.000 €

B: 16.000 €

C: 0 €

D: 7.750 €

138. Die AG beabsichtigt, aufgrund des folgenden Sachverhalts im Jahresabschluss zum 31. Dezember 11 Rückstellungen zu bilden. Die AG hatte ab Januar 06 in Hamburg zunächst für zehn Jahre Büro- und Lagerräume gemietet. Monatlich sind 14.000 € zu zahlen. Die Umsatzentwicklung und eine geänderte Vertriebsstruktur veranlassten sie, diese Niederlassung ab Januar 11 zu schließen. Damit entfiel die weitere Nutzung der angemieteten Gewerbeflächen für eigenbetriebliche Zwecke. Da der Mietvertrag nicht vorzeitig zu beenden war, suchte die AG - mit Zustimmung des Vermieters -Untermieter. Während die Lagerräume lt. Vertrag vom 15. Dezember 2011 ab April 2012 von der Ostseedruckerei GmbH für monatlich 6.600 € genutzt wurden, konnten die Büroräume lt. Vertrag vom 15. Januar 2012 erst ab Juli 2012 für monatlich 6.000 € weitervermietet werden. In welcher Höhe sind handelsrechtlich Rückstellungen zu bilden, wenn von einer Preissteigerung von 0% und einem Zinssatz von 0% ausgegangen wird?

A: 672.000 €

B: 123.000 €

C: 375.000 €

D: 420.000 €

139. Die AG hatte für die Lagerung von Vorratsvermögen vor 10 Jahren eine Halle auf fremdem Grund und Boden selbst erstellt. Der seit der Fertigstellung der Halle - am 31. Dezember vor 10 Jahren - gültige Mietvertrag sieht vor,

dass die Halle bei Beendigung des Mietvertrages in zehn Jahren abzureißen ist. Die gesamten Abbruchkosten betragen zu diesem Zeitpunkt voraussichtlich 300.000 €, heute bei Ansatz von Vollkosten 220.000 € und bei Ansatz von Einzelkosten und den angemessenen Teilen der notwendigen Gemeinkosten im Sinne des Steuerrechtes 200.000 €. Die Rückstellung für Abbruchverpflichtung ist in der Handelsbilanz mit den voraussichtlichen Kosten für den Abbruch zum Zeitpunkt des Abbruches in Höhe von 300.000 € ausgewiesen. Der Gegenwartswert für die Rückstellung wurde zum Vorjahr wie folgt berechnet: Rückstellung 300.000 € × 58,543% (Abzinsung auf 10 Jahre) = Gegenwartswert 175.629 €. Eine Neuberechnung für dieses Jahr hat noch nicht stattgefunden. Der Gegenwartswert beträgt bei 10 Jahren = 58,543% und bei 9 Jahren = 61,763%. Wie hoch ist der Bilanzansatz in der Handelsbilanz?

A: 300.000 €

B: 175.629 €

C: 0 €

D: 185.289 €

140. Welche der folgenden Aussagen ist falsch?

A: Rückstellungen dienen der periodengerechten Erfassung des Aufwands und stellen eine finanzwirtschaftliche Zukunftsvorsorge dar, indem ihre Bildung den Jahresüberschuss und damit die Ausschüttung reduziert. Der Liquiditätseffekt ist besonders hoch, wenn die Rückstellungen auch steuerlich als Betriebsausgabe anerkannt werden.

B: Der Bilanzierende hat grundsätzlich ein Wahlrecht bezüglich der Bildung von Rückstellungen. Nur für Pensionsrückstellungen besteht eine Passivierungspflicht.

C: Rückstellungen sind nur in Höhe des Betrages anzusetzen, der nach vernünftiger kaufmännischer Beurteilung notwendig ist. Damit soll die willkürliche Rückstellungsbildung und die bewusste Legung stiller Reserven verhindert werden. Das Vorsichtsprinzip ist dabei zu beachten.

D: Aufwandsrückstellungen durften vor 2010 gebildet werden.

141. Welche der folgenden Aussagen ist richtig?

A: Rückstellungen stellen auch Fremdkapital dar, sind aber bezüglich ihres tatsächlichen Anfalls und/oder ihrer Höhe nach noch nicht exakt bekannt. Sie

werden zur periodengerechten Erfolgsermittlung und zur finanziellen Zukunftsvorsorge gebildet, indem Aufwand der Verursachungsperiode zugerechnet
wird, obwohl die Auszahlung erst später erfolgt.

B: Rückstellungen dürfen nur für ungewisse Verbindlichkeiten gegenüber Dritten gebildet werden. Sogenannte Aufwandsrückstellungen sind in Deutschland
nicht zulässig.

C: Sofern keine Rücklagen mehr bestehen, können Rückstellungen aufgelöst
und mit Verlusten verrechnet werden.

D: Zum Eigenkapital der Aktiengesellschaft gehören insbesondere das „gezeichnete Kapital", also der Gegenwartswert des Verkaufserlöses junger Aktien, die „Kapitalrücklage", die aus zurückgestellten Jahresgewinnen besteht
und die „anderen Gewinnrücklagen", die zur baldigen Ausschüttung an die Aktionäre bestimmt sind.

Verbindlichkeiten

142. Die ABC-Hausbank hat am 5. Januar 07 der AG einen Kontokorrentkredit
bis zu einer Höhe von 400.000 € zur Finanzierung der Rohstoffe gewährt. Als
Sicherheit hat die AG Wertpapiere durch effektive Übergabe der Stücke zum
derzeitigen Börsenkurswert von 250.000 € verpfändet. Außerdem hat die AG
eine brieflose Grundschuld in Höhe von 150.000 € bestellt. Der Kontokorrentkredit ist auf fünf Jahre befristet. Am 31. Dezember 07 valutierte der Kontokorrentkredit mit 328.000 €. Die ABC-Bank hat für die Übernahme der brieflosen
Grundschuld und die Verpfändung der Wertpapiere der AG eine einmalige
Bearbeitungsgebühr von 6.000 € in Rechnung gestellt. Die AG hat am 15. Januar 07 diese Gebühr durch Banküberweisung beglichen und als "sonstige
betriebliche Aufwendungen" gebucht. Wie ist die Bearbeitungsgebühr auszuweisen?

A: Sonstige betriebliche Aufwendungen

B: Zinsaufwand

C: Aktiver Rechnungsabgrenzungsposten

D: Passiver Rechnungsabgrenzungsposten

143. Zur Finanzierung des Baues der neuen Produktionshalle hatte die AG bei
der "A-Bank", Basel, einen Kredit mit 10-jähriger Laufzeit in Höhe von
7.000.000 Schweizer Franken (CHF) aufgenommen. Dieser war durch die
Hausbank in Kiel vermittelt worden und wird auch von dieser verwaltet. Der
Kredit wurde am 1. Oktober 01 in Höhe von 94% zur Verfügung gestellt. Die
Verzinsung beträgt 6,75%; Zinsen und Tilgung werden in vierteljährlichen

gleichbleibenden Raten nachträglich gezahlt und durch die Hausbank jeweils zum Fälligkeitstag abgebucht. Die erste Rate war am 31. Dezember 01 zu entrichten. Die Hausbank In Kiel erteilte am 30. September an die AG die folgende Abrechnung: Darlehen der A-Bank 7.000.000 CHF Auszahlung zu 94% 6.580.000 CHF Verwaltungs- und Bearbeitungsgebühren der A-Bank 6.200 CHF 6.573.800 CHF entspricht bei einem Kurs von (1 CHF =) 1,28 € 8.414.460 € eigene Vermittlungsprovision 25.000 € Wir schreiben auf Ihrem Konto gut: 8.389.460 € Wegen der mit der Währungsumstellung verbundenen Arbeitsbelastung der Hausbank wurde die erste Zins- und Tilgungsrate erst am 2. Januar 02 eingezogen. Der Wechselkurs am 31. Dezember betrug (1 CHF =) 1,32 € und bei Bilanzaufstellung (umgerechnet) 1,28 €. Die AG buchte die Darlehensgewährung: Bankgirokonto 8.389.460 € an Verbindlichkeiten gegenüber Kreditinstituten 8.389.460 € Weitere Buchungen sind bisher nicht erfolgt. Mit welchem Wert wird das Darlehen am 31.12. handelsrechtlich in der Bilanz ausgewiesen?

A: 9.100.000 €

B: 8.960.000 €

C: 9.240.000 €

D: 7.000.000 €

Vorräte

144. Die AG hat zur Herstellung ihrer Werkzeuge im Kalenderjahr 2007 folgende Rohstoffe bezogen:

Bezugstag	Tonnen	Bezugspreis (ohne USt)
10. Januar 07	100	120.000 €
20. März 07	200	200.000 €
30. Juli 07	80	100.000 €
2. Oktober 07	150	165.000 €
20. November 07	200	260.000 €

Zu Beginn des Jahres hatte die AG 300 t Rohstoffe auf Lager, die mit 300.000 € bewertet waren. Am 31. Dezember 07 befanden sich noch 250 t auf Lager, deren Anschaffungskosten sich nicht mehr eindeutig feststellen ließen. Der Marktpreis pro t betrug per 31. Dezember 07 1.170 €. Wie hoch sind die Anschaffungskosten der aktivierten Rohstoffe nach HGB, wenn kein Verbrauchsfolgeverfahren verwendet wird?

A: 292.500 €

B: 277.912 €

C: 325.000 €

D: 250.000 €

145. Die AG hat zur Herstellung ihrer Werkzeuge im Kalenderjahr 2007 folgende Rohstoffe bezogen:

Bezugstag	Tonnen	Bezugspreis (ohne USt)
10. Januar 07	100	120.000 €
20. März 07	200	200.000 €
30. Juli 07	80	100.000 €
2. Oktober 07	150	165.000 €
20. November 07	200	260.000 €

Zu Beginn des Jahres hatte die AG 300 t Rohstoffe auf Lager, die mit 300.000 € bewertet waren. Am 31. Dezember 07 befanden sich noch 250 t auf Lager, deren Anschaffungskosten sich nicht mehr eindeutig feststellen ließen. Der Marktpreis pro t betrug per 31. Dezember 07 1.170 €. Wie hoch sind die Anschaffungskosten der aktivierten Rohstoffe nach HGB, wenn das Lifo-Verfahren verwendet wird?

A: 250.000 €

B: 325.000 €

C: 292.500 €

D: 277.912 €

146. Die AG hat zur Herstellung ihrer Werkzeuge im Kalenderjahr 2007 folgende Rohstoffe bezogen:

Bezugstag	Tonnen	Bezugspreis (ohne USt)
10. Januar 07	100	120.000 €
20. März 07	200	200.000 €

30. Juli 07	80	100.000 €
2. Oktober 07	150	165.000 €
20. November 07	200	260.000 €

Zu Beginn des Jahres hatte die AG 300 t Rohstoffe auf Lager, die mit 300.000 € bewertet waren. Am 31. Dezember 07 befanden sich noch 250 t auf Lager, deren Anschaffungskosten sich nicht mehr eindeutig feststellen ließen. Der Marktpreis pro t betrug per 31. Dezember 07 1.170 €. Wie hoch sind die Anschaffungskosten der aktivierten Rohstoffe nach HGB, wenn das Fifo-Verfahren verwendet wird?

A: 250.000 €

B: 325.000 €

C: 315.000 €

D: 277.912 €

147. Die Solar AG stellt im Jahr 2007 einen Kran her. Zum 31.12.07 sind folgende Kosten entstanden: Materialeinzelkosten 400.000 € Fertigungseinzelkosten 300.000 € Sondereinzelkosten der Fertigung 200.000 € Materialgemeinkosten 800.000 € Fertigungsgemeinkosten 600.000 € anteilige zeitabhängige Abschreibung der für die Herstellung benötigen Maschinen 80.000 € Allgemeine Verwaltungskosten 200.000 € Fremdkapitalzinsen 200.000 € Aus Kostengründen wurden Stromkosten pauschal mit 100.000 € zugerechnet. Ermitteln Sie die Wertuntergrenze für die handelsrechtliche Bewertung!

A: 2.880.000 €

B: 2.480.000 €

C: 2.680.000 €

D: 2.400.000 €

148. Spezialwerkzeuge vertreibt die AG seit dem 1. Dezember 07 u. a. über die V-GmbH auf Kommissionsbasis. Am 1. Dezember 07 überließ die AG der Kommissionärin 3.000 Werkzeuge zum Verkaufspreis (ohne USt) von 300.000 €. Nach dem abgeschlossenen Kommissionsvertrag erhält die V-GmbH eine Provision von 25 v. H. Die AG buchte bei Übergabe der Werkzeuge: Forderungen aus Lieferungen und Leistungen 357.000 € an sonstige Verbindlichkeiten (USt) 57.000 € an Umsatzerlöse 300.000 €.

Bis zum 31. Dezember 07 hat die V-GmbH 1.202 Werkzeuge verkauft und nach Abzug ihrer Provision von 25 v. H. an die AG 90.150 € zuzüglich 17.128,50 € USt überwiesen. Die AG buchte bei Überweisung: Bankgirokonto 107.278,50 € an Forderungen aus Lieferungen und Leistungen 107.278,50 € Die Kostenrechnung der AG hat für die Spezialwerkzeuge die Verkaufspreise (ohne USt) wie folgt kalkuliert: Material- und Materialgemeinkosten 18 v. H. Fertigungs- und Fertigungsgemeinkosten 26 v. H. allgemeine Verwaltung 8 v. H. Vertrieb (einschl. Provision des Kommissionärs, Werbung, Beförderung und Versand) 32 v. H. Gewinn 16 v.h. 100 v. H. Die AG hat nur die innerhalb ihres Betriebsgeländes vorhandenen Spezialwerkzeuge im Inventar zum 31. Dezember 07 erfasst. In welcher Höhe sind Vorräte aus diesem Fall zu buchen?

A: 179.800 €

B: 300.000 €

C: 79.112 €

D: 220.888 €

Allgemeine Fragen

149. Welche der folgenden Aussagen ist falsch?

A: Das Realisationsprinzip besagt, dass Gewinne erst dann im Jahresabschluss erfasst werden dürfen, wenn sie durch einen Umsatzakt „realisiert" worden sind. Das ist dann der Fall, wenn die Leistung erbracht oder die Lieferung erfolgt ist, die Gefahr übergangen und die Rechnung erstellt worden ist.

B: Das Stetigkeitsgebot zwingt zur ständigen Anwendung der bei der Erstellung des ersten Jahresabschlusses gewählten Bilanzierungs- und Bewertungsmethoden auch in den Folgejahren. Auf diese Weise wird die Vergleichbarkeit hergestellt und die Bilanzanalyse erleichtert.

C: Das „Going Concern Prinzip" besagt, dass bei der Bewertung die Fortführung der Unternehmung unterstellt werden soll.

D: Bilanzierungshilfen ermöglichen dem Bilanzierenden, Aufwendungen zu aktivieren, bei denen grundsätzlich die Bilanzierungsfähigkeit nicht gegeben ist. Hierunter fallen beispielsweise „Aufwendungen für Ingangsetzung und Erweiterung des Geschäftsbetriebes", für die aber im Falle der Aktivierung in gleicher Höhe ausschüttungsgesperrte Rücklagen gebildet werden müssen.

150. Welche der folgenden Aussagen ist falsch?

A: Das Imparitätsprinzip besagt, dass Verluste schon dann als solche im Jahresabschluss berücksichtigt werden müssen, wenn sie erkennbar sind und nicht erst, wenn sie tatsächlich eingetreten sind. Instrument für diese Verlustantizipation sind die außerplanmäßigen Abschreibungen und der Ansatz von Rückstellungen.

B: Ein Bilanzierungsverbot besteht für immaterielle Vermögensgegenstände des Anlagevermögens, die nicht entgeltlich erworben worden sind, bis auf Entwicklungskosten. Das führt zur Bildung stiller Reserven. Für immaterielle Gegenstände des Umlaufvermögens hingegen besteht immer eine Aktivierungspflicht.

C: Bilanzierungsverbote schließen entgegen dem Vollständigkeitsgebot den Bilanzansatz bestimmter Posten in der Bilanz aus. Bspw. existiert ein solches Verbot für immaterielle Vermögensgegenstände des Anlagevermögens, die nicht entgeltlich erworben wurden.

D: Das Realisationsprinzip besagt, dass Gewinne erst dann im Jahresabschluss erfasst werden dürfen, wenn sie durch einen Umsatzakt „realisiert" worden sind. Das ist dann der Fall, wenn die Zahlung eingegangen ist und die Unternehmung über die Liquidität verfügen kann.

151. Welche der folgenden Aussagen ist falsch?

A: Das HGB beinhaltet u.a. zunächst die allgemeinen Rechtsgrundlagen für die Bilanzierung und Bewertung und enthält jeweils weitere Vorschriften für Kapitalgesellschaften und Konzerne. Neben den HGB-Vorschriften befinden sich noch weitere spezielle Vorschriften in Einzelgesetzen, die jeweils nur eine bestimmte Rechtsform betreffen, bspw. das Aktiengesetz, GmbH-Gesetz, Genossenschaftsgesetz, etc..

B: Das derzeit in Deutschland geltende Bilanzrecht ist im III. Buch des HGB kodifiziert und durch die Grundsätze ordnungsmäßiger Buchführung geprägt.

C: Grundsätze ordnungsmäßiger Buchführung werden vom Institut der Wirtschaftsprüfer in Zusammenarbeit mit den Verbänden und Kammern formuliert und finden dann im Gesetzgebungsverfahren Eingang in das HGB.

D: Für die Entstehung der Grundsätze ordnungsmäßiger Buchführung werden die induktive und deduktiver Ermittlung sowie die Hermeneutik angesehen. Aufgrund der Schwächen der induktiven und deduktiven Ermittlung für die Gewinnung von Grundsätzen ordnungsmäßiger Buchführung wird derzeit der Schwerpunkt eher in der Hermeneutik gesehen.

152. Welche der folgenden Aussagen ist falsch?

A: Auch wenn die Grundsätze ordnungsmäßiger Buchführung mit dem Leitgedanken des § 264 Abs. 2 HGB, nach dem der Jahresabschluss ein den tatsächlichen Verhältnissen entsprechendes Bild der Vermögens-, Finanz- und Ertragslage der Gesellschaft zeigen soll, kollidieren, müssen sie beachtet werden. Sie haben Priorität, weil im deutschen Bilanzrecht die o.g. Generalvorschrift kein „overriding principle" darstellt.

B: Grundsätze ordnungsmäßiger Buchführung werden durch Kaufmannsbrauch, durch Deduktion aus den Zielen der Rechnungslegung und durch die Methode der Hermeneutik, also der Interpretation der kodifizierten Vorschriften, gewonnen.

C: Die Bewertungsgrundsätze regeln die Feststellung des Wertes, mit denen die Vermögensgegenstände und Schulden in der Bilanz anzusetzen sind. Zu diesen Grundsätzen gehören bspw. der Stetigkeits-, der Identitäts- und der Going-Concern-Grundsatz.

D: Rechtsgrundlage für die Bilanzierung und Bewertung ist das Handelsgesetzbuch. Daneben sind aber auch die Grundsätze ordnungsmäßiger Buchführung zu beachten. Diese regeln die nicht kodifizierten Einzelheiten und sind immer zu beachten, es sei denn, dass die Leitmaxime der Darstellung eines den tatsächlichen Verhältnissen entsprechenden Bildes der Vermögens-, Finanz- und Ertragslage der Kapitalgesellschaft dadurch verzerrt oder verfälscht wird.

153. Welche der folgenden Aussagen ist falsch?

A: Das Einzelbewertungsprinzip besagt, dass alle Vermögensgegenstände und Schulden einzeln zu bewerten sind. Davon gibt es jedoch auch Ausnahmen wie bspw. das Festwertverfahren, die Gruppenbewertung und das Verbrauchsfolgeverfahren, die der Vereinfachung des Bilanzierungsvorganges dienen sollen, aber häufig auch bilanzpolitisch genutzt werden.

B: Rechtsgrundlage für die Bilanzierung und Bewertung ist das Handelsgesetzbuch. Daneben sind aber auch die Grundsätze ordnungsmäßiger Buchführung zu beachten. Diese regeln die nicht kodifizierten Einzelheiten.

C: Deutsche Jahresabschlüsse haben ein den tatsächlichen Verhältnissen entsprechendes Bild der Vermögens-, Finanz- und Ertragslage zu vermitteln. Diese Generalnorm entspricht aber nicht dem aus dem englischen stammenden „true and fair view".

D: Rechtsgrundlage für die Bilanzierung und Bewertung ist das Handelsgesetzbuch. Daneben sind aber auch die Grundsätze ordnungsmäßiger Buchführung zu beachten. Diese regeln die nicht kodifizierten Einzelheiten und sind immer zu beachten, es sei denn, dass die Leitmaxime der Darstellung eines den tatsächlichen Verhältnissen entsprechenden Bildes der Vermögens-, Finanz- und Ertragslage der Kapitalgesellschaft dadurch verzerrt oder verfälscht wird.

154. Welche der folgenden Aussagen ist falsch?

A: Bei der Bewertung ist stets vom „going concern", also vom Fortbestand der Unternehmung, auszugehen, auch wenn bekannt ist, dass die zu bewertenden Vermögensgegenstände wegen Stillegungen einzelner Fertigungszweige oder Aufgabe von Produktlinien nicht mehr benötigt werden und verkauft werden sollen.

B: Die Bilanzierungsgrundsätze regeln, welche Vermögensgegenstände und Schulden bilanzierungsfähig sind und damit auch ansatzpflichtig werden. Grundsätzlich sind sämtliche Vermögensgegenstände, Schulden und Rechnungsabgrenzungsposten zu bilanzieren, es sei denn, es stehen ihnen ausdrückliche Aktivierungs- und Passivierungsverbote gegenüber, wie z.b. das Aktivierungsverbot für selbsterstellte immaterielle Vermögensgegenstände des Anlagevermögens.

C: Die Bewertungsgrundsätze regeln, mit welcher Höhe letztendlich die Bilanzpositionen anzusetzen sind. So gilt bspw., dass sämtliche Vermögensgegenstände höchstens mit den Anschaffungs- oder Herstellungskosten zu bewerten sind.

D: Das Vorsichtsprinzip findet seine Ausprägung im Imparitätsprinzip und im Realisationsprinzip. Ersteres besagt, dass Verluste bereits zu dem Zeitpunkt erfasst werden müssen, zu dem sie vorhersehbar werden, während das Realisationsprinzip vorschreibt, Gewinne erst dann zu erfassen, wenn sie auch tatsächlich entstanden sind, d.h. die Lieferung erfolgt oder die Leistung erbracht, die Gefahr übergegangen und die Rechnung erstellt oder erstellbar ist.

155. Welche der folgenden Aussagen ist falsch?

A: Grundsätzlich gilt ein Bilanzierungsverbot für unentgeltlich erworbene immaterielle Vermögensgegenstände. Sind aber beispielsweise selbst erstellte immaterielle Vermögensgegenstände zum Verkauf vorgesehen, müssen sie aktiviert und im Umlaufvermögen ausgewiesen werden.

B: Neben die im HGB kodifizierten Vorschriften treten die Grundsätze ordnungsgemäßer Buchführung. Diese sind immer dann anzuwenden, wenn das Gesetz Sachverhalte nicht eindeutig klären kann. Methoden zur Gewinnung von Grundsätzen ordnungsgemäßer Buchführung sind die induktive Ermittlung, die deduktive Ermittlung und die Hermeneutik.

C: Insbesondere die Festlegung der Methode zur Ermittlung der Herstellungskosten lässt erhebliche bilanzpolitische Spielräume für den Wertansatz der fertigen und unfertigen Erzeugnisse, weil die Einzelkosten einbezogen werden können, aber nicht müssen. Die Gemeinkosten müssen mit einbezogen werden, da sie nicht explizit für den einzelnen Vermögensgegenstand ermittelt werden können.

D: Das Einzelbewertungsprinzip besagt, das Vermögensgegenstände grundsätzlich einzeln zu bewerten sind. Aus Vereinfachungsgründen kann hiervon aber in bestimmten Fällen abgewichen werden. Methoden zur Durchbrechung des Einzelbewertungsprinzips sind das Festwertverfahren, die Gruppenbewertung und das Verbrauchsfolgeverfahren.

156. Welche der folgenden Aussagen ist falsch?

A: Die Bewertungsgrundsätze regeln die Feststellung des Wertes, mit denen die Vermögensgegenstände und Schulden in der Bilanz anzusetzen sind. Von diesen Grundsätzen darf nur in begründeten Ausnahmefällen abgewichen werden. So darf das Stetigkeitsprinzip durchbrochen werden, wenn der Bilanzierende beispielsweise Steuervorteile durch Änderung der Abschreibungsmethode erlangt.

B: Das Stetigkeitsprinzip besagt, dass die auf den vorhergehenden Jahresabschluss angewandten Bewertungsmethoden beibehalten werden sollen. Hiervon kann bzw. muss allerdings in begründeten Ausnahmefällen abgewichen werden. Das ist z. B. der Fall, wenn die Bewertung der Vorräte grundsätzlich nach der Lifo-Methode erfolgt, am Bilanzstichtag die Marktpreise aber unter den Buchwerten liegen.

C: Vermögensgegenstände sind nach dem Grundsatz des Going-Concern-Prinzips zu bewerten, sofern dem nicht besondere Gegebenheiten entgegenstehen. Dieses wäre zum Beispiel der Fall bei einer Unternehmensauflösung oder Aufgabe einer ganzen Produktlinie.

D: Planmäßige Abschreibungen dienen dazu, die Anschaffungskosten auf die Nutzungsjahre zu verteilen. Außerplanmäßige Abschreibungen sind dem strengen Niederstwertprinzip entsprechend bei voraussichtlich dauernden Wertminderungen im Anlage- und Umlaufvermögen vorzunehmen.

157. Welche der folgenden Aussagen ist falsch?

A: Die Bilanz erfasst die Vermögensgegenstände und Schulden zu einem bestimmten Zeitpunkt. Da in ihr aber das gesamte Geschäftsjahr abgebildet wird,
stellt die Bilanz eine Zeitraumbetrachtung an.

B: Im Anhang werden u.a. die Zusammensetzung einzelner Bilanz- und GuV-
Positionen sowie die Bilanzierungs- und Bewertungsmethoden – die umfang-
reiche bilanzpolitische Gestaltungen ermöglichen – erläutert. Leider wird dort
nur ein Teil der Bilanzpolitik aufgedeckt. Bis zu einem gewissen Grad bleibt sie
verborgen.

C: Der Lagebericht enthält Informationen über die vergangene, aktuelle und
zukünftige Geschäftsentwicklung des Unternehmens. Diese Berichte sind von
den gesetzlichen Vertretern zu verfassen. Damit erhalten der Vorstand bzw.
die Geschäftsführer die Chance, auch eine eher subjektive Darstellung und
Beurteilung vorzunehmen.

D: Die Höhe des auf der Passivseite der Bilanz ausgewiesenen Eigenkapitals
einschließlich der Rücklagen und des Bilanzgewinns ist abhängig von der Bilanzierung und Bewertung der Vermögensgegenstände auf der Aktivseite.

158. Welche der folgenden Aussagen ist falsch?

A: Wenn die Verbindlichkeiten und Rückstellungen größer als das Vermögen
sind, ist die Gesellschaft (zumindest bilanziell) überschuldet. Das Reinvermögen und Eigenkapital sind aufgezehrt und der Differenzbetrag zwischen Vermögen und Schulden wird als „Nicht durch Eigenkapital gedeckter Fehlbetrag"
auf der Aktivseite der Bilanz gezeigt. Man spricht auch von einer Unterbilanz.

B: Die Gewinn- und Verlustrechnung zeigt in einer Staffelform das Zustandekommen des Periodenergebnisses durch Auflistung der Erträge und Aufwendungen. Es handelt sich also um eine Zeitraumrechnung, die nach dem Gesamtkostenverfahren oder nach dem Umsatzkostenverfahren aufgestellt werden muss.

C: Die Gewinn- und Verlustrechnung bildet die Liquiditätsflüsse einer Abrechnungsperiode durch Gegenüberstellung der Einzahlungen und Auszahlungen
ab. Dabei wird zwischen dem Betriebs-, Finanz- und periodenfremden Ergebnis unterschieden. Die Differenz zwischen Ein- und Auszahlungen ist der Gewinn, bei Kapitalgesellschaften Jahresüberschuss genannt.

D: Die Gewinn- und Verlustrechnung hat die Funktion, das Zustandekommen
des Periodenerfolges nach Art, Höhe und Quellen zu erklären (Gewinnermittlung). Dabei stellt der Jahresüberschuss / -fehlbetrag kein echtes betriebswirtschaftliches Ergebnis dar, sondern ist überwiegend juristisch und bilanzpolitisch geprägt.

159. Welche der folgenden Aussagen ist falsch?

A: Die Gewinn- und Verlustrechnung kann für die Veröffentlichung in Konten-, aber auch in Staffelform aufgestellt werden.

B: Die Gewinn- und Verlustrechnung erfasst als Zeitraumrechnung die Aufwendungen und Erträge einer Periode und ermittelt den Jahresüberschuss als Feststellung des ausschüttungsfähigen Gewinns.

C: Die Gewinn- und Verlustrechnung enthält als besonders problematische Position die „sonstigen betrieblichen Erträge", weil sie nicht besonders aufgeschlüsselt werden müssen, obwohl sie häufig einen bedeutenden Umfang haben.

D: Die Gewinn- und Verlustrechnung zeigt in der Position „außerordentliche Erträge" solche Erträge, die nach Art und Höhe ungewöhnlich und selten sind. Obwohl Erträge aus der Auflösung von Rückstellungen und dem Verkauf von Anlagegegenständen betriebswirtschaftlich außerordentlichen Charakter haben, werden sie unter den „sonstigen betrieblichen Erträgen" erfasst.

160. Welche der folgenden Aussagen ist falsch?

A: Sowohl im Gesamtkostenverfahren als auch im Umsatzkostenverfahren sind die Umsatzerlöse und das Periodenergebnis identisch.

B: Der in der GuV ausgewiesene Erfolg ist kein echtes betriebswirtschaftliches Ergebnis, sondern juristisch geprägt und hat vorzugsweise die Ermittlung des ausschüttungsfähigen Gewinns zum Ziel. Außerdem können zahlreiche Bilanzierungs- und Bewertungswahlrechte das Ergebnis verzerren.

C: Außerordentliche Aufwendungen und Erträge werden als solche gekennzeichnet, wenn sie außerhalb der gewöhnlichen Geschäftstätigkeit anfallen. Abgrenzungskriterium für außergewöhnliche Geschäftstätigkeiten sind Geschäftsvorfälle, die nach Art und Höhe ungewöhnlich, selten oder rein zufällig vorkommen, so dass in absehbarer Zeit mit einer Wiederholung nicht zu rechnen ist.

D: Die sonstigen betrieblichen Erträge und sonstigen betrieblichen Aufwendungen sind Sammelpositionen, die alle diejenigen Erträge und Aufwendungen erfassen, die keiner anderen im Gliederungsschema vorgesehenen Ertrags- bzw. Aufwandsposition zugeordnet werden können. Sie stimmen jeweils der Höhe nach im Gesamtkostenverfahren und Umsatzkostenverfahren überein.

161. Welche der folgenden Aussagen ist falsch?

A: Im Jahresüberschuss bzw. Jahresfehlbetrag sind unter anderem die außerordentlichen Erträge, die außerordentlichen Aufwendungen und die Aufwendungen für Steuern enthalten. Ohne Berücksichtigung der Steuern erhält man das Jahresergebnis vor Steuern. Ohne Berücksichtigung der Steuern und des außerordentlichen Ergebnisses erhält man das Ergebnis der gewöhnlichen Geschäftstätigkeit, welches als Zwischenergebnis ausgewiesen wird.

B: Während die Bilanz eine Zeitpunktaufstellung ist und vornehmlich der Vermögens- und Finanzanalyse dient, ist die Gewinn- und Verlustrechnung als Zeitraumrechnung für die Erfolgsanalyse das wichtigere Instrument.

C: Die Gewinn- und Verlustrechnung kann wahlweise nach dem Gesamtkostenverfahren oder nach dem Umsatzkostenverfahren erstellt werden. In beiden Fällen wird der Jahresüberschuss in derselben Höhe ausgewiesen.

D: Der Jahresüberschuss bzw. der Jahresfehlbetrag als Ergebnis der Gewinn- und Verlustrechnung wird stets als Bilanzgewinn bzw. Bilanzverlust in die Bilanz übernommen. Damit wird deutlich, welche Teile des Gewinns ausgeschüttet werden sollen.

162. Welche der folgenden Aussagen ist falsch?

A: Zentrale und wichtigste Aufgabe des handelsrechtlichen Jahresabschlusses ist die Rechenschaftslegung gegenüber den Anteilseignern. Ihnen sollen entscheidungsrelevante Informationen vermittelt werden. Die Ermittlung eines ausschüttungsfähigen Gewinns ergibt sich dabei zwangsläufig aus der Differenz zwischen den in der Gewinn- und Verlustrechnung gezeigten Ein- und Auszahlungen.

B: Das deutsche Bilanzrecht ist rechtsformen- und größenklassenspezifisch ausgerichtet. Das heißt, dass die Bilanzierungs-, Bewertungs-, Prüfungs- und Publizitätsvorschriften unterschiedlich streng und umfangreich sind. Personengesellschaften haben die geringsten, große Kapitalgesellschaften die umfangreichsten Informationspflichten.

C: Das Maßgeblichkeitsprinzip des § 5 Abs. 1 EStG hat mit der Umsetzung des BilMoG an Wichtigkeit verloren, da das Handelsrecht in vielen Bereichen vom Steuerrecht abgekoppelt wurde.

D: Eine durch das Maßgeblichkeitsprinzip hervorgerufene Bindung der steuerlichen Gewinnermittlung an die Handelsbilanz ist international nicht üblich. Denn bei den International Accounting Standards geht es nicht um eine steueroptimale und vorsichtige Gewinnermittlung, sondern um die Bereitstellung zuverlässiger und relevanter Informationen für die Investoren und Anteilseigner der Gesellschaft.

163. Welche der folgenden Aussagen ist falsch?

A: Zentrale und wichtigste Aufgabe des handelsrechtlichen Jahresabschlusses ist die Ermittlung des ausschüttungsfähigen Gewinns unter Berücksichtigung der Sicherung der Kapitalerhaltung und des Gläubigerschutzes.

B: Zwischen den Zielen Kapitalerhaltung und Rechenschaft kommt es immer wieder zu Konflikten. In der Regel hat sich der Gesetzgeber in derartigen Situationen zu Gunsten der Kapitalerhaltung entschieden. Seinen Niederschlag findet dies beispielsweise in der Vorschrift, dass die Anschaffungs- oder Herstellungskosten die Wertobergrenze darstellen.

C: Die internationalen Financial Reporting Standards (IFRS) zielen hingegen eher auf die zuverlässige Information der Investoren ab und erlauben in bestimmten Situationen eine marktnahe „Bewertung", also gegebenenfalls einen höheren Wertansatz als die Anschaffungs- oder Herstellungskosten für Vermögensgegenstände.

D: Der Jahresabschluss nach HGB soll nach der Generalnorm des § 264 Abs. 2 HGB ein den tatsächlichen Verhältnissen entsprechendes Bild der Vermögens-, Finanz- und Ertragslage vermitteln. Diese Generalnorm entspricht dem englischen „true and fair view", der bedeutet, dass die Grundsätze ordnungsmäßiger Buchführung nicht beachtet werden dürfen, wenn durch ihre Anwendung ein verzerrtes Bild der Vermögens-, Finanz- und Ertragslage gezeigt würde.

164. Welche der folgenden Aussagen ist falsch?

A: Das deutsche Bilanzrecht ist rechtsformen- und größenklassenspezifisch: Die Anforderungen sind für Einzelkaufleute und Personenhandelsgesellschaften geringer als für Kapitalgesellschaften. Kleine Kapitalgesellschaften brauchen ihren Jahresabschluss nicht prüfen zu lassen, müssen ihn aber veröffentlichen. Die intensivste Informationspflicht besteht für große Kapitalgesellschaften.

B: Das derzeit geltende Bilanzrecht beruht auf der 4. Richtlinie der Europäischen Union zur Harmonisierung in den Mitgliedstaaten der Gemeinschaft (4. EG-Richtlinie). Diese Richtlinie führt zu identischen Rechnungslegungsvorschriften innerhalb der Europäischen Union und macht internationale Abschlüsse somit ohne weitere Kenntnis spezieller internationaler Vorschriften vergleichbar.

C: In Deutschland dominiert insbesondere der Grundsatz der Kapitalerhaltung und des Gläubigerschutzes. Diesem Grundsatz wird durch das Vorsichtsprinzip Rechnung getragen. Ausschüttungssperren, Aktivierungsverbote oder auch die Pflicht zur Bildung einer Rücklage für eigene Anteile wahren die Interessen der Gläubiger.

D: In Aktiengesellschaften besteht häufig ein Interessenkonflikt zwischen Groß- und Kleinaktionären. Während erstere eher an Gewinnthesaurierung interessiert sind, haben Kleinaktionäre eher Interesse an der Ausschüttung der Gewinne. Deswegen hat der Gesetzgeber bezüglich der Gewinnverwendung festgelegt, dass der Vorstand 50% des Jahresüberschusses aus eigener Kompetenz in die Rücklagen einstellen kann. Über die restlichen 50% entscheidet die Hauptversammlung.

165. Welche der folgenden Aussagen ist falsch?

A: Das Maßgeblichkeitsprinzip des § 5 Abs. 1 EStG führt zu einer Identität von Handels- und Steuerbilanz und soll deswegen im Rahmen der Steuerreform abgeschafft werden.

B: Die Funktionen des Jahresabschlusses liegen in der Gewinnermittlungs-, Ausschüttungsbemessungs-, Rechenschafts-, Informations- und Dokumentationsfunktion. Darüber hinaus bildet der Jahresabschluss die Grundlage für die steuerliche Gewinnermittlung.

C: Das deutsche Bilanzrecht ist rechtsformen- und größenklassenspezifisch: Die Anforderungen sind für Einzelkaufleute und Personenhandelsgesellschaften geringer als für Kapitalgesellschaften. Kleine Kapitalgesellschaften brauchen ihren Jahresabschluss nicht prüfen zu lassen, müssen ihn aber veröffentlichen. Die intensivste Informationspflicht besteht für große Kapitalgesellschaften.

D: Die wichtigsten Aufgaben des Jahresabschlusses bestehen darin, den ausschüttungsfähigen Gewinn unter Berücksichtigung der Kapitalerhaltung zu ermitteln und Rechenschaft über die Kapitalverwendung und die wirtschaftliche Situation der Unternehmung zu geben. Außerdem hat der Jahresabschluss die Funktion, das Geschehen in der Unternehmung zu dokumentieren und Grundlage für die Besteuerung zu sein.

166. Welche der folgenden Aussagen ist falsch?

A: Die Grundsätze ordnungsmäßiger Buchführung sind nur zum Teil gesetzlich kodifizierte Regelungen. Sie werden immer dann herangezogen, wenn das Gesetz keine abschließende Klärung gefunden hat.

B: Das Maßgeblichkeitsprinzip des § 5 EStG besagt, dass die Wertansätze der Handelsbilanz in die Steuerbilanz zu übernehmen sind, wenn dem keine ande-

ren steuerlichen Regelungen gegenüber stehen. Die „Umkehrung der Maßgeblichkeit" bedeutet, dass die Ausübung steuerlicher Wahlrechte ebenfalls in
der Handelsbilanz nachvollzogen werden müssen, um in den Genuss steuerlicher Vorteile zu kommen. Somit führt die Maßgeblichkeit zu einer Identität von
Handels- und Steuerbilanz.

C: Das derzeit geltende Bilanzrecht beruht auf der 4. Richtlinie der Europäischen Union zur Harmonisierung in den Mitgliedstaaten der Gemeinschaft (4.
EG-Richtlinie).

D: Handels- und Steuerbilanz unterscheiden sich in der Regel voneinander, da
das Steuerrecht auf objektiven Maßstäben beruht, das Handelsrecht aber in
Teilen auf subjektiven Maßstäben.

167. Welche der folgenden Aussagen ist richtig?

A: Das „Going Concern Prinzip" besagt, dass die einmal gewählten Bilanzie-
rungs- und Bewertungsmethoden auch in den Jahresabschlüssen der Folge-
jahre beibehalten werden sollen.

B: Die Formulierung „Die auf den vorangegangenen Jahresabschluss angewandten Bewertungsmethoden sollen beibehalten werden" (§ 252 Abs. 1 Nr.
6" HGB) ist so zu interpretieren, dass der Bilanzierende zwar moralisch zur
kontinuierlichen Bewertung angeregt wird, er aber im Rahmen seiner Gestal-
tungsfreiheit auch jederzeit das Recht zu einem Wechsel der Methoden hat.

C: Das Realisationsprinzip verbietet den Ausweis von positiven Erfolgsbeiträ-
gen oder Gewinnen im Jahresabschluss, solange diese noch nicht durch einen
Umsatzakt „realisiert" worden sind. Konventionellerweise gelten Gewinne als
realisiert, wenn die Lieferung erbracht, die Leistung erstellt ist, die Gefahr auf
den Abnehmer übergangen ist und die Rechnung erstellt werden kann oder
erstellt worden ist. Der Eingang der Zahlungsmittel ist unerheblich.

D: Das Imparitätsprinzip besagt, dass ausländische Gewinne oder solche, die
nach Intenationalen Financial Reporting Standards ermittelt worden sind, „im-
par" also „ungleich" zu behandeln sind und erst dann im deutschen Jahresabschluss berücksichtigt werden dürfen, wenn die Zahlung eingegangen und die
Valuta umgetauscht ist.

168. Welche der folgenden Aussagen ist richtig?

A: Grundsätzlich ist jeder Vermögensgegenstand zu bilanzieren, wenn ihm
nicht ein Bilanzierungsverbot oder –wahlrecht entgegen steht. Ein Vermögensgegenstand liegt vor, wenn er selbstständig bewertbar und verkehrsfähig

ist, zum Betriebsvermögen gehört und im wirtschaftlichen Eigentum des Bilanzierenden steht.

B: Zu den Bilanzierungsverboten zählen sämtliche immateriellen Vermögensgegenstände. Nur für den Fall, dass die Bilanzierung von immateriellen Vermögensgegenständen ein der Generalnorm entsprechendes Bild der Vermögens-, Finanz- und Ertragslage besser wiedergeben würde, dürfen immaterielle Vermögensgegenstände bilanziert werden.

C: Geschäftswerte sind, auch wenn sie entgeltlich erworben worden sind, nicht selbstständig veräußerbar und dürfen deswegen nicht aktiviert werden. Das ist bedauerlich, weil deswegen der Gewinn zu niedrig ausgewiesen wird.

D: Das Bilanzierungsgebot für Schulden bezieht sich nur auf solche Verbindlichkeiten, die hinsichtlich ihrer Höhe und ihres Fälligkeitszeitpunktes feststehen. Verbindlichkeiten, die noch nicht der Höhe und des Fälligkeitszeitpunktes feststehen, dürfen nicht in der Bilanz gezeigt werden.

169. Welche der folgenden Aussagen ist richtig?

A: Bilanzierungshilfen ermöglichen den Ansatz bestimmter Posten in der Bilanz, denen grundsätzlich die Eigenschaften von Vermögensgegenständen fehlen. Ihnen ist mit den Bilanzierungswahlrechten gemeinsam, dass die Bilanzansatzentscheidung im Ermessen des Bilanzierenden liegt.

B: Die Nutzung von Bilanzierungshilfen führt zu einem höheren Ergebnisausweis und vergrößert das Ausschüttungspotenzial, weil in entsprechender Höhe keine ausschüttungsgesperrten Rücklagen gebildet werden müssen.

C: Die Aktivierung von entgeltlich erworbenen Geschäftswerten erhöht sowohl das Jahresergebnis wie auch das Ausschüttungsvolumen der Abrechnungsperiode. Auch in den Folgeperioden bleibt das Jahresergebnis durch die Aktivierung des Geschäftswertes unberührt, da Geschäftswerte als immaterielle Vermögensgegenstände keiner Abnutzung unterliegen und folglich nicht abgeschrieben werden müssen.

D: Bei der Bewertung von Jahresabschlussposten sind die Bewertungsgrundsätze zu beachten. Von diesen Grundsätzen darf keinesfalls abgewichen werden. Wenn bspw. die Stilllegung eines Teilbetriebes bekannt geworden ist, müssen die Gegenstände dieses Teilbetriebes dennoch dem „going-concern-Prinzip" entsprechend bewertet werden.

170. Welche der folgenden Aussagen ist richtig?

A: Werden „Entwicklungskosten" aktiviert, führt dies zu einer Erhöhung des Jahresergebnisses. In den Folgejahren werden die Ergebnisse jedoch belastet, weil dann die Abschreibungen zu verrechnen sind.

B: Wird für einen Vermögensgegenstand Bilanzierungsfähigkeit festgestellt, besteht für diesen Vermögensgegenstand auch Bilanzierungspflicht. In diesem Fall bleiben auch Bilanzierungsverbote unbeachtet.

C: Sämtliche Grundsätze ordnungsmäßiger Buchführung sind im HGB oder mindestens im Aktiengesetz, im GmbH-Gesetz oder in den steuerlichen Vorschriften kodifiziert.

D: Immer dann und nur dann, wenn die Grundsätze ordnungsmäßiger Buchführung zu einem verfälschten Bild der Vermögens-, Finanz- und Ertragslage führen, sind sie nicht zu beachten, wohl aber im Anhang zu vermerken..

171. Welche der folgenden Aussagen ist richtig?

A: Die Gewinn- und Verlustrechnung zeigt als Zeitraumrechnung in Staffelform das Zustandekommen des Periodenergebnisses durch Auflistung der Einzahlungen und Auszahlungen für die Produktionsmittel, Löhne, Gehälter, Material usw. Als Ergebnis wird der Jahresüberschuss oder Jahresfehlbetrag ermittelt. Sofern es sich um eine Überschuss handelt, kann dieser als Gewinn ausgeschüttet werden.

B: Anhang und Lagebericht erläutern die Bilanz und die Erfolgsrechnung. Während im Anhang vorzugsweise die Bilanzierungs- und Bewertungsmethoden dargestellt werden und einige für das Verständnis zusätzliche Angaben gemacht werden, stellt der Lagebericht den Rechenschaftsbericht der Vorstände und Geschäftsführer dar, in dem diese ihre Erfolge und die Performance der Gesellschaft darstellen. Wegen der Subjektivität dieser Berichterstattung, bei der künftige Risiken außer Betracht bleiben, besteht für den Lagebericht keine Prüfungspflicht.

C: Die Erfolgsrechnung kann nach dem Gesamtkosten- oder nach dem Umsatzkostenverfahren erstellt werden. Weil im Umsatzkostenverfahren nur die Herstellungskosten der verkauften Erzeugnisse gezeigt und Aufwendungen für Bestandserhöhungen nicht berücksichtigt werden, führt dieses tendenziell zu höheren Jahresüberschüssen.

D: Die Gewinn- und Verlustrechnung erfasst sämtliche Erträge und Aufwendungen der Periode. Obwohl hier zwei Verfahren, nämlich das Gesamtkosten- und das Umsatzkostenverfahren, in Betracht kommen können, führen beide Methoden zum selben Ergebnis. Nur verschiedene Teilgrößen innerhalb der

Gewinn- und Verlustrechnung sind verschieden oder weisen eine unterschiedliche Höhe auf.

172. Welche der folgenden Aussagen ist richtig?

A: Insbesondere kleineren und mittleren Unternehmen ist zu empfehlen, auf die Darstellung der Gewinn- und Verlustrechnung nach dem Umsatzkostenverfahren umzustellen, weil sie dann in der Regel niedrigere Ergebnisse (Jahresüberschüsse) als im Gesamtkostenverfahren ausweisen. Dies liegt daran, dass die Bestandsveränderungen nicht berücksichtigt werden, was entsprechende steuerliche Vorteile zur Folge hat.

B: Ist bei Bilanzaufstellung noch nichts über die Gewinnverwendung beschlossen worden, zeigt die Bilanz den kompletten Jahresüberschuss bzw. – fehlbetrag. Ist der Jahresüberschuss bereits teilweise verwendet worden, bspw. für Rücklagenbildung oder Dividendenzahlung, zeigt die Bilanz die Differenz unter dem Posten Bilanzgewinn / -verlust.

C: Die Gewinn- und Verlustrechnung kann wahlweise nach dem Gesamtkosten- oder nach dem Umsatzkostenverfahren aufgestellt werden. Da beide Rechnungen unterschiedliche Ergebnisse ausweisen, bietet die Methodenwahl dem Bilanzierenden enorme Gestaltungsmöglichkeiten, das Periodenergebnis zu beeinflussen.

D: Das Umsatzkostenverfahren zeigt insbesondere die Umsatzerlöse und Bestandsveränderungen. Wird das Gesamtkostenverfahren gewählt, werden insbesondere die Herstellkosten aus der Kostenrechnung einbezogen.

173. Welche der folgenden Aussagen ist richtig?

A: Die Gewinn- und Verlustrechnung berichtet über Einnahmen und Ausgaben der Abrechnungsperiode. Das Ergebnis ist der Gewinn.

B: Die Gewinn- und Verlustrechnung kann wahlweise nach dem Gesamtkostenverfahren oder nach dem Umsatzkostenverfahren erstellt werden. Beide Rechnungen beginnen mit den Umsatzerlösen, unterscheiden sich aber insbesondere in der Aufgliederung der Aufwendungen. Während im Gesamtkostenverfahren die Aufwendungen nach Aufwandsarten gegliedert sind, zeigt das Umsatzkostenverfahren die Aufwendungen nach Funktionsbereichen.

C: Der in der Gewinn- und Verlustrechnung ausgewiesene Erfolg ist ein besonders betriebswirtschaftlich geprägtes Ergebnis und aufgrund der präzisen Gesetzesvorschriften für seine Ermittlung eine eindeutige Größe, an der der tatsächliche Erfolg der Unternehmung im abgelaufenen Geschäftsjahr gemessen werden kann.

D: Die GuV ist Teil des Jahresabschlusses und sowohl von Personengesellschaften als auch Kapitalgesellschaften zu veröffentlichen. In ihr werden zum Abschlussstichtag die Vermögensgegenstände und Schulden der Unternehmung gegenübergestellt. Die Residualgröße stellt den Gewinn bzw. den Verlust des Geschäftsjahres dar.

174. Welche der folgenden Aussagen ist richtig?

A: Zentrale und wichtigste Aufgabe des handelsrechtlichen Jahresabschlusses ist die Ermittlung des ausschüttungsfähigen Gewinns. Deshalb wird in der Rechnungslegung nach HGB die Bildung stiller Reserven möglichst vermieden, um als Periodenergebnis das ausschüttungsfähige Ergebnis zu erhalten.

B: Die deutschen Rechnungslegungsnormen sind wegen der besonderen Betonung des Vorsichtsprinzips und der damit einhergehenden Möglichkeit der Bildung und Auflösung stiller Reserven international wenig geschätzt. Weil dies zu Problemen auf den Kapitalmärkten führen und die Globalisierung unternehmerischer Aktivitäten behindern kann, ist seit dem Inkrafttreten des Kapitalaufnahmeerleichterungsgesetzes von 1998 die Anwendung internationaler Accounting Standards (IAS) – neu: IFRS - bei der Erstellung von Konzernjahresabschlüssen börsennotierte Gesellschaften rechtlich zulässig. Solche nach IAS/IFRS erstellten Abschlüsse befreien dann von der Aufstellung eines HGB-Konzernjahresabschlusses.

C: Die deutschen und internationalen Rechnungslegungsnormen (HGB und IFRS) haben gemeinsam, dass in beiden Systemen „ein den tatsächlichen Verhältnissen entsprechendes Bild der Vermögens-, Finanz- und Ertragslage" bzw. ein dem „true and fair view" entsprechendes Bild gezeigt wird. Deshalb führen Jahresabschlüsse, die nach unterschiedlichen Systemen aufgestellt wurden, zu einem identischen Bilanzbild und zum gleichen Ergebnis (Jahresüberschuss / -fehlbetrag).

D: Grundlage für die Erstellung der Jahresabschlüsse sind die Regelungen im III. Buch des HGB und die „Grundsätze ordnungsmäßiger Buchführung (GoB)". Wenn die gesetzlichen Regelungen und die GoB aber dazu führen, dass das in § 264 Abs. 2 HGB geforderte „ ...den tatsächlichen Verhältnissen entsprechende Bild der Vermögens-, Finanz- und Ertragslage" nicht vermittelt wird, brauchen bzw. dürfen diese Grundsätze nicht beachtet werden.

Sachanlagen

175. Auf einem unbebauten Grundstück wurde eine Produktionshalle gebaut. Für die Herstellung dieser Produktionshalle wurden Herstellungskosten von insgesamt 1.200.000 € aufgewendet. Darin sind enthalten: - Herstellungskosten für einen Lastenaufzug 300.000 € - Herstellungskosten für die Heizungs- und Lüftungsanlage 90.000 € - Herstellungskosten für die elektrische Installation 60.000 € Die Produktionshalle wurde Anfang September fertig gestellt und am 10. Oktober in Betrieb genommen. Der Lastenaufzug hat eine betriebsgewöhnliche Nutzungsdauer von 15 Jahren, die Heizungs- und Lüftungsanlage sowie die Elektroinstallation haben eine solche von 10 Jahren. Alle genannten Beträge sind bereits bezahlt. Mit welchem Wert steht die elektrische Installation in der Bilanz?

A: 60.000 €

B: 54.000 €

C: 58.000 €

D: 0 €

176. Auf einem unbebauten Grundstück wurde eine Produktionshalle gebaut. Für die Herstellung dieser Produktionshalle wurden Herstellungskosten von insgesamt 1.200.000 € aufgewendet. Darin sind enthalten: - Herstellungskosten für einen Lastenaufzug 300.000 € - Herstellungskosten für die Heizungs- und Lüftungsanlage 90.000 € - Herstellungskosten für die elektrische Installation 60.000 € Die Produktionshalle wurde Anfang September fertig gestellt und am 10. Oktober in Betrieb genommen. Der Lastenaufzug hat eine betriebsgewöhnliche Nutzungsdauer von 15 Jahren, die Heizungs- und Lüftungsanlage sowie die Elektroinstallation haben eine solche von 10 Jahren. Alle genannten Beträge sind bereits bezahlt. Mit welchem Betrag steht die Produktionshalle am 31. Dezember in der Bilanz?

A: 890.000 €

B: 747.500 €

C: 1.192.000 €

D: 894.000 €

177. Auf einem unbebauten Grundstück wurde eine Produktionshalle gebaut. Für die Herstellung dieser Produktionshalle wurden Herstellungskosten von insgesamt 1.200.000 € aufgewendet. Darin sind enthalten: - Herstellungskos-

ten für einen Lastenaufzug 300.000 € - Herstellungskosten für die Heizungs-
und Lüftungsanlage 90.000 € - Herstellungskosten für die elektrische Installation 60.000 € Mit welchem Wert steht der Lastenaufzug zum 31. Dezember in
der Bilanz? Die Produktionshalle wurde Anfang September fertig gestellt und
am 10. Oktober in Betrieb genommen. Der Lastenaufzug hat eine betriebsgewöhnliche Nutzungsdauer von 15 Jahren, die Heizungs- und Lüftungsanlage
sowie die Elektroinstallation haben eine solche von 10 Jahren. Alle genannten
Beträge sind bereits bezahlt.

A: 10.000 €

B: 20.000 €

C: 6.666,67 €

D: 0 €

178. Die AG hat zur Erweiterung der Produktion im Jahre 01 ein benachbartes
unbebautes Grundstück erworben. Im Dezember 06 wurde der Bauantrag für
ein geplantes Produktionsgebäude gestellt. Der Vertrag zur Errichtung des
Gebäudes mit der Pader-GmbH sah folgende Leistungen vor:

Erstellung Produktionsgebäude 1.810.000 €

Personenaufzug 75.000 €

Kassettendecke mit Beleuchtungsanlage für das Büro des Betriebsleiters
5.000 €

Parkplätze für die Pkw der Arbeitnehmer 110.000 €

insgesamt 2.000.000 € zuzüglich 19% USt

Auf Anforderung hat die AG insgesamt 1.900.000 € + 19% USt überwiesen
und wie folgt gebucht: geleistete Anzahlungen und Anlagen im Bau 1.900.000
€ sonstige Vermögensgegenstände (Vorsteuer) 361.000 € an Bankgirokonto
2.261.000 €

Im Juli 07 wurde die Eröffnung des Insolvenzverfahrens über die Pader-GmbH
mangels Masse abgelehnt. Ein Sachverständiger stellte fest, dass die Bauleistungen zum 1. August 07 folgendem Stand entsprachen:

Produktionsgebäude 1.660.000 €

Personenaufzug 75.000 €

Kassettendecke mit Beleuchtungsanlage für das Büro des Betriebsleiters
4.000 €

Parkplätze für die Pkw der Arbeitnehmer 61.000 €

insgesamt 1.800.000 €

Darüber hinaus wies das Dach des Produktionsgebäudes schwere Mängel auf; die Kassettendecke musste abgebrochen und erneuert werden. Zur Baufertigstellung und zur Behebung der Mängel beauftragte die AG den Bauunternehmer Sichel, der das Produktionsgebäude für 270.000 € (Dachreparatur 50.000 €, Fertigstellung des Produktionsgebäudes 220.000 €), die Kassettendecke für 6.000 € und den Parkplatz für 45.000 € (jeweils zzgl. 19% USt) fertig stellte. Bei der Fertigstellung des Parkplatzes wurden eigene Arbeitnehmer der AG herangezogen. Die bei Eingang im Dezember sofort beglichene Rechnung des Bauunternehmers Sichel wurde wie folgt gebucht:

geleistete Anzahlungen und Anlagen im Bau 100.000 €

sonstige betriebliche Aufwendungen 221.000 €

sonstige Vermögensgegenstände (Vorsteuer) 60.990 € an Bankgirokonto 381.990 €

Für die zur Fertigstellung des Parkplatzes herangezogenen eigenen Arbeitnehmer der AG sind Lohneinzelkosten in Höhe von 7.000 € angefallen und in den Personalaufwendungen enthalten. Die Fertigungsgemeinkosten betragen 200%. Produktionsgebäude und Pkw-Parkplatz wurden zum 1. Dezember 07 fertig gestellt. Das Produktionsgebäude hat eine Nutzungsdauer von 40 Jahren, alle anderen Vermögensgegenstände haben eine Nutzungsdauer von zehn Jahren. Für die genannten Vermögensgegenstände/Wirtschaftsgüter liegen niedrigere beizulegende Werte/niedrigere Teilwerte nicht vor. Wie hoch sind die Herstellungskosten des Produktionsgebäudes?

A: 1.660.000 €

B: 1.930.000 €

C: 2.115.000 €

D: 2.015.000 €

179. Die AG hat zur Erweiterung der Produktion im Jahre 01 ein benachbartes unbebautes Grundstück erworben. Im Dezember 06 wurde der Bauantrag für ein geplantes Produktionsgebäude gestellt. Der Vertrag zur Errichtung des Gebäudes mit der Pader-GmbH sah folgende Leistungen vor:

Erstellung Produktionsgebäude 1.810.000 €

Personenaufzug 75.000 €

Kassettendecke mit Beleuchtungsanlage für das Büro des Betriebsleiters 5.000 €

Parkplätze für die Pkw der Arbeitnehmer 110.000 €

insgesamt 2.000.000 € zuzüglich 19% USt

Auf Anforderung hat die AG insgesamt 1.900.000 € + 19% USt überwiesen und wie folgt gebucht: geleistete Anzahlungen und Anlagen im Bau 1.900.000 € sonstige Vermögensgegenstände (Vorsteuer) 361.000 € an Bankgirokonto 2.261.000 €

Im Juli 07 wurde die Eröffnung des Insolvenzverfahrens über die Pader-GmbH mangels Masse abgelehnt. Ein Sachverständiger stellte fest, dass die Bauleistungen zum 1. August 07 folgendem Stand entsprachen:

Produktionsgebäude 1.660.000 €

Personenaufzug 75.000 €

Kassettendecke mit Beleuchtungsanlage für das Büro des Betriebsleiters 4.000 €

Parkplätze für die Pkw der Arbeitnehmer 61.000 €

insgesamt 1.800.000 €

Darüber hinaus wies das Dach des Produktionsgebäudes schwere Mängel auf; die Kassettendecke musste abgebrochen und erneuert werden. Zur Baufertigstellung und zur Behebung der Mängel beauftragte die AG den Bauunternehmer Sichel, der das Produktionsgebäude für 270.000 € (Dachreparatur 50.000 €, Fertigstellung des Produktionsgebäudes 220.000 €), die Kassettendecke für 6.000 € und den Parkplatz für 45.000 € (jeweils zzgl. 19% USt) fertig stellte. Bei der Fertigstellung des Parkplatzes wurden eigene Arbeitnehmer der AG herangezogen. Die bei Eingang im Dezember sofort beglichene Rechnung des Bauunternehmers Sichel wurde wie folgt gebucht:

geleistete Anzahlungen und Anlagen im Bau 100.000 €

sonstige betriebliche Aufwendungen 221.000 €

sonstige Vermögensgegenstände (Vorsteuer) 60.990 € an Bankgirokonto 381.990 €

Für die zur Fertigstellung des Parkplatzes herangezogenen eigenen Arbeitnehmer der AG sind Lohneinzelkosten in Höhe von 7.000 € angefallen und in den Personalaufwendungen enthalten. Die Fertigungsgemeinkosten betragen 200%. Produktionsgebäude und Pkw-Parkplatz wurden zum 1. Dezember 07 fertig gestellt. Das Produktionsgebäude hat eine Nutzungsdauer von 40 Jahren, alle anderen Vermögensgegenstände haben eine Nutzungsdauer von zehn Jahren. Für die genannten Vermögensgegenstände/Wirtschaftsgüter liegen niedrigere beizulegende Werte/niedrigere Teilwerte nicht vor. Wie hoch sind die Herstellungskosten des Parkplatzes?

A: 155.000 €

B: 106.000 €

C: 113.000 €

D: 127.000 €

180. Welche der folgenden Antworten ist falsch?

A: Die Anschaffungs- oder Herstellungskosten stellen im deutschen HGB-Jahresabschluss immer die Wertobergrenze für die Bilanzierung von Vermögensgegenständen dar. Selbst wenn die Werte inzwischen sehr stark gestiegen sind, darf der daraus resultierende „Gewinn" nicht bilanziert werden, weil er noch nicht „realisiert" ist. Auf diese Weise werden stille Reserven gebildet.

B: Die „Herstellungskosten" werden für die Bewertung der Bestände an fertigen und unfertigen Erzeugnissen und der aktivierten Eigenleistungen am Bilanzstichtag benötigt. In die Herstellungskosten müssen die Materialeinzelkosten, die Fertigungseinzelkosten und die Sondereinzelkosten der Fertigung einbezogen werden, ebenso wie die Gemeinkosten einschließlich Abschreibungen.

C: Durch den Ansatz von planmäßigen Abschreibungen als Aufwand in der Gewinn- und Verlustrechnung werden die Anschaffungsauszahlungen für das abnutzbare Anlagevermögen auf die Jahre der Nutzung verteilt. Zulässige Abschreibungsmethoden sind u.a. die lineare, die degressive und die leistungsabhängige Abschreibung.

D: Durch planmäßige und außerplanmäßige Abschreibungen erreichte niedrige Buchwerte der Vermögensgegenstände dürfen beibehalten werden, auch wenn die Gründe z.B. für außerplanmäßige Abschreibungen entfallen sind. Das führt zu einer Überbewertung des Vermögens und hohen Gewinnausweisen, die bei Ausschüttung zu Substanzverlust führen und den Fortbestand der Gesellschaft gefährden.

181. Welche der folgenden Antworten ist falsch?

A: Die Anschaffungs- oder Herstellungskosten stellen im deutschen HGB-Jahresabschluss immer die Wertuntergrenze für die Bilanzierung von Vermögensgegenständen dar. Die Abnutzung der Vermögensgegenstände darf nur als Aufwand in Form von Abschreibungen in der Gewinn- und Verlustrechnung erfasst werden. In der Bilanz hingegen bleiben die Vermögensgegenstände hingegen mit ihren ursprünglichen Anschaffungs- oder Herstellungskosten stehen, um Informationen über ihre Beschaffungswerte zu erhalten.

B: Die Herstellungskosten werden u.a. für die Bewertung der fertigen und unfertigen Produkte und der selbst erstellten Eigenleistungen benötigt. Das deutsche Bilanzrecht verlangt es, neben den Einzelkosten für Material und Fertigung sowie Sondereinzelkosten der Fertigung auch die Gemeinkosten in die HK einzubeziehen

C: Für Vermögensgegenstände des Umlaufvermögens kommen keine planmäßigen Abschreibungen in Betracht, weil sie während der Zugehörigkeit zum Unternehmen keiner regelmäßigen Abnutzung unterliegen. Ggf. müssen aber außerplanmäßige Abschreibungen vorgenommen werden, wenn bspw. aufgrund einer veränderten Marktsituation die Absatzpreise und –prognosen für die fertigen Erzeugnisse gesunken sind.

D: Die Höhe der Periodenabschreibung ergibt sich aus den Anschaffungs- oder Herstellungskosten, der unterstellten Nutzungsdauer und der Wahl der Abschreibungsmethode. Wird degressiv abgeschrieben, wird ein bestimmter Abschreibungssatz auf den Ausgangswert und in den Folgejahren dann auf den jeweiligen Restwert angewendet. Das führt in den Anfangsjahren zu höheren Abschreibungsbeträgen als bei linearer Abschreibung, bei der die Anschaffungskosten in gleichen Beträgen über die Jahre der Nutzung verteilt werden.

182. Welche der folgenden Antworten ist falsch?

A: Zu den Anschaffungskosten zählen der Anschaffungspreis, Anschaffungsnebenkosten und nachträgliche Anschaffungskosten. Anschaffungspreisminderungen werden abgezogen. Zu den nachträglichen Anschaffungskosten zählen solche Kosten, die den Vermögensgegenstand wesentlich verbessern. Kosten, die lediglich den Betriebszustand des Vermögensgegenstandes erhalten, sind als Aufwand zu erfassen.

B: Ausgangspunkt für die Bewertung sind die Anschaffungs- und Herstellungskosten. Wenn jedoch durch Börsen- oder Marktpreise bzw. durch Sachverständigengutachten festgestellt werden kann, dass die Vermögensgegenstände einen höheren aktuellen Wert haben, kann dieser angesetzt werden, um einen den tatsächlichen Verhältnissen entsprechendes Bild der Vermögens-, Finanz- und Ertragslage zu vermitteln.

C: Wertminderungen von Vermögensgegenständen sind durch Abschreibungen zu erfassen. Dabei gehören solche, die über die Nutzungsdauer des Vermögensgegenstandes verteilt werden, zu den planmäßigen Abschreibungen. Wertminderungen, die durch unvorhergesehene Umstände, bspw. durch Katastrophenverschleiß, eintreten, werden durch außerplanmäßige Abschreibungen erfasst. Entfällt der Grund für eine außerplanmäßige Abschreibung, müssen Kapitalgesellschaften diese vermindert um die bis dahin angefallenen planmäßigen Abschreibungen durch eine Zuschreibung wieder rückgängig machen.

D: Abschreibungen verteilen die Anschaffungs- und Herstellungskosten eines Vermögensgegenstandes auf seine Nutzungsdauer, um so die Wertminderungen zu erfassen. Abschreibungen stellen Aufwendungen der Periode dar und mindern den Wertansatz des jeweiligen Vermögensgegenstandes in der Bilanz.

183. Welche der folgenden Antworten ist falsch?

A: Abschreibungen dienen dazu, die Anschaffungs- und Herstellungskosten über die Nutzungsdauer des Vermögensgegenstandes zu verteilen. Dabei wird unterschieden zwischen planmäßigen und außerplanmäßigen Abschreibungen.

B: Unterschieden werden planmäßige, außerplanmäßige und steuerliche Abschreibungen. Zuschreibungen haben die Aufgabe, außerplanmäßige Abschreibungen rückgängig zu machen, wenn der Grund für die Abschreibung entfallen ist. Die Zuschreibung wird in Höhe der entfallenen außerplanmäßigen Abschreibung vorgenommen, vermindert um die planmäßige Abschreibung, die bis dahin angefallen wäre.

C: Steuerliche Abschreibungen sind auch in der Handelsbilanz aufgrund der Umkehrung des Maßgeblichkeitsprinzips möglich. Um in den Genuss steuerlicher Vorteile zu gelangen, dürfen steuerlich motivierte Abschreibungen bei der steuerlichen Gewinnermittlung nur vorgenommen werden, wenn sie in der Handelsbilanz ebenfalls angesetzt werden.

D: Vermögensgegenstände sind höchstens mit den Anschaffungs- oder Herstellungskosten zu bewerten. Zu den Anschaffungskosten zählen der Anschaffungspreis, die Anschaffungsnebenkosten und die nachträglichen Anschaffungskosten. Anschaffungspreisminderungen sind abzuziehen.

184. Welche der folgenden Antworten ist falsch?

A: Wertminderungen sind im Anlagevermögen nur dann zwingend zu berücksichtigen, wenn es sich um eine voraussichtlich dauernde Wertminderung handelt. Im Umlaufvermögen besteht hingegen immer eine Abschreibungspflicht, wenn die Bilanzstichtagswerte unter dem Buchwert liegen (strenges Niederstwertprinzip!). Das gilt selbst dann, wenn zwischen dem Bilanzstichtag und der Bilanzaufstellung die Werte bereits wieder gestiegen sind.

B: Die Zuordnung eines Vermögensgegenstandes zum Anlagevermögen erfolgt zum einen nach der Dauer und zum anderen nach der Zweckbestimmung. Letztere ordnet beispielsweise einen Pkw bei einem Produktionsunternehmen zum Anlagevermögen, während bei einem Autohändler der Pkw, sofern zum Verkauf bestimmt, im Umlaufvermögen auszuweisen ist.

C: Die Bilanz ist eine Gegenüberstellung der Vermögensgegenstände und des Kapitals (Eigen- und Fremdkapital) der Unternehmung. Allerdings werden nicht zeitnahe Verkehrswerte, sondern nach den Regeln des HGB und der Grundsätze ordnungsmäßiger Buchführung ermittelte Werte angesetzt. Die

Differenz zwischen den zeitnahen Verkehrswerten und den Buchwerten stellen stille Reserven dar.

D: Roh-, Hilfs- und Betriebsstoffe sind üblicherweise Umlaufvermögen. Nur wenn sie zum eisernen Bestand der Unternehmung gehören, werden sie als Anlagevermögen ausgewiesen.

185. Welche der folgenden Antworten ist falsch?

A: Im HGB existiert keine Definition für das Umlaufvermögen. Aus der Definition des Anlagevermögens, nach der zum Anlagevermögen alle Vermögensgegenstände zählen, die dazu bestimmt sind, dem Geschäftsbetrieb dauernd zu dienen, kann im Umkehrschluss gefolgert werden, dass zum Umlaufvermögen diejenigen Vermögensgegenstände zählen, die nicht dauernd dem Geschäftsbetrieb dienen. In der Regel sind dies Vermögensgegenstände, die weniger als ein Jahr im Unternehmen verweilen.

B: Zum Anlagevermögen zählen alle langlebigen Vermögensgegenstände, die zum wirtschaftlichen Eigentum der Unternehmung gehören, unabhängig vom jeweiligen Verwendungszweck und ihrer Nutzung. Sie werden erworben, um die Widerstandsfähigkeit der Unternehmung zu erhöhen und ihr Kapital zu erhalten.

C: Entgeltlich erworbene Geschäftswerte müssen aktiviert und über ihre Nutzungsdauer abgeschrieben werden.

D: Sachanlagen sind zu aktivieren und über ihre Nutzungsdauer abzuschreiben.

186. Welche der folgenden Antworten ist falsch?

A: Sowohl für das Anlage- als auch für das Umlaufvermögen ist vorgeschrieben, in welcher vertikalen Gliederung die Vermögensgegenstände auszuweisen sind. Darüber hinaus muss die Entwicklung des Anlagevermögens in horizontaler Gliederung, dem sogenannten Anlagengitter, gezeigt werden.

B: Für abnutzbares Anlagevermögen sind planmäßige Abschreibungen vorzunehmen. Der Buchansatz von nicht abnutzbarem Anlagevermögen und Umlaufvermögen muss bei Wertminderungen gegebenenfalls durch außerplanmäßige Abschreibungen korrigiert werden. Maßgeblich ist der Vergleich zwischen Buchwert und Bilanzstichtagswert. Beim nicht abnutzbaren und beim abnutzbaren Anlagevermögen ist eine Abschreibung nur dann zwingend, wenn die Wertminderung voraussichtlich dauerhaft ist.

C: Das Anlagevermögen gliedert sich in immaterielle Vermögensgegenstände, Sachanlagen und Finanzanlagen. Im Finanzanlagevermögen werden sämtliche finanziellen Forderungen und Verbindlichkeiten ausgewiesen.

D: Das Anlagevermögen ist dazu bestimmt, dauernd dem Geschäftsbetrieb zu dienen.

187. Welche der folgenden Antworten ist falsch?

A: Grundsätzlich gilt für Vermögensgegenstände das Prinzip der Einzelbewertung. Teile des Sachanlagevermögens können aber unter bestimmten Bedingungen auch zum Festwertverfahren bewertet werden, sofern ihr Gesamtwert für die Unternehmung von untergeordneter Bedeutung ist, bspw. bei Werkzeugen oder Hotelbettwäsche.

B: Wertobergrenze für das Umlaufvermögen bilden die Anschaffungs- und Herstellungskosten. Dieser Wert ist am Bilanzstichtag zunächst mit dem Börsenpreis zu vergleichen. Liegt dieser nicht vor, ist der Marktpreis heranzuziehen. Fehlt auch dieser, ist der beizulegende Wert zu ermitteln. Der beizulegende Wert wird nach dem Prinzip der verlustfreien Bewertung ermittelt. Dabei orientiert man sich bei fertigen Produkten am Absatzmarkt und bei Roh-, Hilfs-, und Betriebsstoffen am Beschaffungsmarkt.

C: Das Gliederungsschema für die Bilanz gliedert das Umlaufvermögen in folgende vier Hauptposten: Vorräte, Forderungen und sonstige Vermögensgegenstände, Wertpapiere und liquide Mittel (z.B. Bankguthaben, Kassenbestand, etc.). Im Falle der Forderungen werden die "Uneinbringlichen" ausgebucht, die "Zweifelhaften" einzelwertberichtigt und der Rest pauschal wertberichtigt.

D: Das abnutzbare Anlagevermögen ist zu Anschaffungs- oder Herstellungskosten zu bewerten und durch Abschreibungen, die die Anschaffungskosten auf die Nutzungsdauer verteilen, zu korrigieren. Lineare und degressive Abschreibungen sind zulässig. Außerplanmäßige Abschreibungen dürfen nur für nicht abnutzbares Anlagevermögen und Umlaufvermögen angesetzt werden.

188. Welche der folgenden Antworten ist falsch?

A: Selbst erstellte immaterielle Vermögensgegenstände, die zum Verkauf bestimmt sind, müssen aktiviert und im Umlaufvermögen ausgewiesen werden.

B: Die Unterscheidung in Anlage- und Umlaufvermögen dient dazu, differenzierte Bewertungsvorschriften vorschreiben und anwenden zu können.

C: Die Anschaffungs- und Herstellungskosten stellen i.d.R. die Obergrenze für die Bewertung der Vermögensgegenstände dar. Im Falle von Immobilien, deren Wert im Zeitablauf von mehr als 25% gestiegen ist, kann jedoch der höhere Wertansatz gewählt werden, weil dies die Aussagefähigkeit des Jahresabschlusses erhöht.

D: Das Anlagevermögen gliedert sich in immaterielle Vermögensgegenstände, Sachanlagen und Finanzanlagen. Zu den immateriellen Vermögensgegenständen zählt beispielsweise der entgeltlich erworbene Geschäfts- und Firmenwert.

189. Welche der folgenden Aussagen ist falsch?

A: Grundsätzlich gilt auch für das Umlaufvermögen das Einzelbewertungsprinzip. Allerdings können als Bewertungsvereinfachungsverfahren das Festwertverfahren, die Gruppenbewertung und die Bewertung nach Verbrauchsfolgefiktion genutzt werden.

B: Wegen der besonderen Bedeutung des Anlagevermögens sieht das geltende Bilanzrecht vor, dass die Entwicklung des Anlagevermögens im Zeitablauf im sogenannten Anlagengitter (Anlagespiegel) dargestellt werden muss. Das Anlagengitter zeigt die Anschaffungs- und Herstellungskosten, die Zugänge, Abgänge, Umbuchungen, Zuschreibungen des Geschäftsjahres, die kumulierten Abschreibungen, die Buchwerte des Geschäftsjahres und des Vorjahres, sowie ggf. auch die Abschreibungen des Geschäftsjahres. Letztere können jedoch auch im Anhang gezeigt werden.

C: Unter dem "Prinzip der verlustfreien Bewertung" ist zu verstehen, dass Vermögensgegenstände des Umlaufvermögens bei nur vorübergehender Wertminderung nicht abgeschrieben werden müssen, um Verluste nicht zu hoch ausweisen zu müssen. Insofern ist das Niederstwertprinzip nicht anzuwenden.

D: Zum Anlagevermögen gehören alle Vermögensgegenstände, die bestimmt sind, dem Geschäftsbetrieb dauernd zu dienen.

190. Welche der folgenden Aussagen ist richtig?

A: Das Umlaufvermögen wird wegen seiner kurzen Bindungsdauer und der daraus resultierenden besseren Einschätzung der Restnutzungsdauer planmäßig über diesen Zeitraum abgeschrieben. Das Anlagevermögen wird außerplanmäßig abgeschrieben, da wegen seiner langen Bindungsdauer die Restnutzungszeit nur schwierig zu ermitteln ist.

B: Zum Anlagevermögen gehören alle Gegenstände, die länger als ein Jahr im Unternehmen verbleiben und deswegen aktiviert werden müssen.

C: Das Finanzanlagevermögen ist immer durch außerplanmäßige Abschreibungen an Wertminderungen anzupassen, unabhängig davon, ob die Wertminderung dauernd oder nur vorübergehend anhält.

D: Im Umlaufvermögen werden diejenigen Vermögensgegenstände ausgewiesen, die zum baldigen Verbrauch oder Verkauf bestimmt sind. Insofern wird das Umlaufvermögen auch nicht planmäßig über die Nutzungsdauer abgeschrieben, sondern ggf. nur außerplanmäßig wertkorrigiert.

191. Die nicht vorsteuerabzugsberechtigte Hybrid-AG erwirbt am 14.7.07 eine Maschine, die speziell für die Produktion von Hybridmotoren entwickelt wurde, zum Preis von 800.000 € (zzgl. 19% USt). Daneben entstanden noch folgende Kosten: - Kosten der Montage (inkl. 19% USt) 14.280 € - anteilige Kosten des Einkaufs 6.000 € - Frachtkosten (inkl. 19% USt) 1.190 € Mit welchem Wert ist die Maschine in der Handelsbilanz anzusetzen?

A: 966.280 €

B: 967.470 €

C: 813.000 €

D: 819.000 €

192. Die vorsteuerabzugsberechtigte Solar-AG erwirbt am 5.5.07 eine Maschine, die speziell für die Produktion von Solaranlagen entwickelt wurde, zum Preis von 300.000 € (einschl. 19% USt). Daneben entstanden noch folgende Kosten: - Kosten der Montage (inkl. 19% USt) 14.280 € - anteilige Kosten des Einkaufs 6.000 € - Frachtkosten (inkl. 19% USt) 1.190 € Mit welchem Wert ist die Maschine in der Handelsbilanz anzusetzen?

A: 252.100,84 €

B: 265.100,84 €

C: 270.100,84 €

D: 318.000 €

193. Aus dem Jahresabschluss der B-Tec GmbH zum 31. Dezember liegen folgende Informationen vor:

Gewinn- und Verlustrechnung	Anhang	
Umsatzerlöse		+17.000
Herstellungskosten der zur Erzielung der Umsatzerlöse erbrachten Leistungen		-12.000
Bruttoergebnis vom Umsatz		+5.000
Vertriebskosten		-1.500
allgemeine Verwaltungskosten		-2.750
sonstige betriebliche Erträge	(2)	+440
sonstige betriebliche Aufwendungen	(3)	-575
sonstige Zinsen und ähnliche Erträge		+30
Abschreibungen auf Wertpapiere des Umlaufvermögens		-40
Zinsen und ähnliche Aufwendungen		-180
Ergebnis der gewöhnlichen Geschäftstätigkeit		+425
außerordentliches Ergebnis		-10
Steuern vom Einkommen und vom Ertrag		-100
sonstige Steuern	(4)	-15
Jahresüberschuss		+300

Anhang (1)

Anlagenspiegel (in T€)

	Anlagen 1.1.	Zugänge	Abgänge	Abschreibungen kumuliert	(Abschr. des GJ)	Restwert 31.12.	Restwert 31.12. Vorjahr
Sachanlagen	18.500	2.000	500	19.000	(2.700)	1.000	2.000
Finanzanlagen	2.500	0	0	500	(0)	2.000	2.000

2) Sonstige betriebliche Erträge (in T€)

Auflösung des Sonderpostens mit Rücklageanteil 80

Erträge aus dem Abgang von Gegenständen des Anlagevermögens (bei Erlösen von 450 T€) 150

periodenfremde Erträge 30

übrige sonstige betriebliche Erträge 180

Gesamt 440

(3) Sonstige betriebliche Aufwendungen (in T€)

Abschreibungen aufgrund steuerlicher Sondervorschriften 80

außerplanmäßige Abschreibungen 93

Aufwendungen für Forschung und Entwicklung 190

Einstellung in den Sonderposten mit Rücklageanteil 150

periodenfremde Aufwendungen 20

übrige sonstige betriebliche Aufwendungen 42

Gesamt 575

(4) Sonstige Steuern (in T€)

verschiedene Betriebssteuern 18

Erstattungen aus Vorperioden -5

Nachzahlungen für Vorperioden 2

Gesamt 15

Die GmbH hat bereits folgende Kennzahlen ermittelt:

	Kennzahl für dieses Jahr	Kennzahl für Vorjahr
Anlagenfinanzierungsgrad I (Deckungsgrad A)	80%	90%
Anlagenfinanzierungsgrad II (Deckungsgrad B)	95%	100%

Der Verschuldungskoeffizient beträgt 1,5 mit Verschuldungskoeffizient = Fremdkapital / Eigenkapital

Errechnen Sie den Anlagenabnutzungsgrad des Sachanlagevermögens (Altersstruktur)!

A: 10,35%

B: 5%

C: 90%

D: 95%

194. Aus dem Jahresabschluss der B-Tec GmbH zum 31. Dezember liegen folgende Informationen vor:

Gewinn- und Verlustrechnung	Anhang	
Umsatzerlöse		+17.000
Herstellungskosten der zur Erzielung der Umsatzerlöse erbrachten Leistungen		-12.000
Bruttoergebnis vom Umsatz		+5.000
Vertriebskosten		-1.500
allgemeine Verwaltungskosten		-2.750
sonstige betriebliche Erträge	(2)	+440
sonstige betriebliche Aufwendungen	(3)	-575
sonstige Zinsen und ähnliche Erträge		+30
Abschreibungen auf Wertpapiere des Umlaufvermögens		-40
Zinsen und ähnliche Aufwendungen		-180

Ergebnis der gewöhnlichen Geschäftstätigkeit		+425
außerordentliches Ergebnis		-10
Steuern vom Einkommen und vom Ertrag		-100
sonstige Steuern	(4)	-15
Jahresüberschuss		+300

Anhang (1)

Anlagenspiegel (in T€)

	Anlagen 1.1.	Zugänge	Abgänge	Abschreibungen kumuliert	(Abschr. des GJ)	Restwert 31.12.	Restwert 31.12. Vorjahr
Sachanlagen	18.500	2.000	500	19.000	(2.700)	1.000	2.000
Finanzanlagen	2.500	0	0	500	(0)	2.000	2.000

2) Sonstige betriebliche Erträge (in T€)

Auflösung des Sonderpostens mit Rücklageanteil 80

Erträge aus dem Abgang von Gegenständen des Anlagevermögens (bei Erlösen von 450 T€) 150

periodenfremde Erträge 30

übrige sonstige betriebliche Erträge 180

Gesamt 440

(3) Sonstige betriebliche Aufwendungen (in T€)

Abschreibungen aufgrund steuerlicher Sondervorschriften 80

außerplanmäßige Abschreibungen 93

Aufwendungen für Forschung und Entwicklung 190

Einstellung in den Sonderposten mit Rücklageanteil 150

periodenfremde Aufwendungen 20

übrige sonstige betriebliche Aufwendungen 42

Gesamt 575

(4) Sonstige Steuern (in T€)

verschiedene Betriebssteuern 18

Erstattungen aus Vorperioden -5

Nachzahlungen für Vorperioden 2

Gesamt 15

Die GmbH hat bereits folgende Kennzahlen ermittelt:

	Kennzahl für dieses Jahr	Kennzahl für Vorjahr
Anlagenfinanzierungsgrad I (Deckungsgrad A)	80%	90%
Anlagenfinanzierungsgrad II (Deckungsgrad B)	95%	100%

Der Verschuldungskoeffizient beträgt 1,5 mit Verschuldungskoeffizient = Fremdkapital / Eigenkapital

Errechnen Sie die finanzwirtschaftliche Investitionsquote nach dem Ansatz Nettoinvestitionen in Sachanlagen/Anfangsbestand der Sachanlagen!

A: 8,4%

B: 7,8%

C: 10,8%

D: 10%

195. Aus dem Jahresabschluss der B-Tec GmbH zum 31. Dezember liegen folgende Informationen vor:

Gewinn- und Verlustrechnung	Anhang	
Umsatzerlöse		+17.000
Herstellungskosten der zur Erzielung der Umsatzerlöse erbrachten Leistungen		-12.000

Bruttoergebnis vom Umsatz		+5.000
Vertriebskosten		-1.500
allgemeine Verwaltungskosten		-2.750
sonstige betriebliche Erträge	(2)	+440
sonstige betriebliche Aufwendungen	(3)	-575
sonstige Zinsen und ähnliche Erträge		+30
Abschreibungen auf Wertpapiere des Umlaufvermögens		-40
Zinsen und ähnliche Aufwendungen		-180
Ergebnis der gewöhnlichen Geschäftstätigkeit		+425
außerordentliches Ergebnis		-10
Steuern vom Einkommen und vom Ertrag		-100
sonstige Steuern	(4)	-15
Jahresüberschuss		+300

Anhang (1)

Anlagenspiegel (in T€)

	Anlagen 1.1.	Zugänge	Abgänge	Abschreibungen kumuliert	(Abschr. des GJ)	Restwert 31.12.	Restwert 31.12. Vorjahr
Sachanlagen	18.500	2.000	500	19.000	(2.700)	1.000	2.000
Finanzanlagen	2.500	0	0	500	(0)	2.000	2.000

(2) Sonstige betriebliche Erträge (in T€)

Auflösung des Sonderpostens mit Rücklageanteil 80

Erträge aus dem Abgang von Gegenständen des Anlagevermögens (bei Erlösen von 450 T€) 150 periodenfremde Erträge 30

übrige sonstige betriebliche Erträge 180

Gesamt 440

(3) Sonstige betriebliche Aufwendungen (in T€)

Abschreibungen aufgrund steuerlicher Sondervorschriften 80

außerplanmäßige Abschreibungen 93

Aufwendungen für Forschung und Entwicklung 190

Einstellung in den Sonderposten mit Rücklageanteil 150

periodenfremde Aufwendungen 20

übrige sonstige betriebliche Aufwendungen 42

Gesamt 575

(4) Sonstige Steuern (in T€)

verschiedene Betriebssteuern 18

Erstattungen aus Vorperioden -5

Nachzahlungen für Vorperioden 2

Gesamt 15

Die GmbH hat bereits folgende Kennzahlen ermittelt:

	Kennzahl für dieses Jahr	Kennzahl für Vorjahr
Anlagenfinanzierungsgrad I (Deckungsgrad A)	80%	90%
Anlagenfinanzierungsgrad II (Deckungsgrad B)	95%	100%

Der Verschuldungskoeffizient beträgt 1,5 mit Verschuldungskoeffizient = Fremdkapital / Eigenkapital

Errechnen Sie die Abschreibungsquote nach dem Ansatz Abschreibungen auf Sachanlagen/Sachanlagen zu AK/HK am Periodenende.

A: 14,6%

B: 13,5%

C: 11,3%

D: 12,2%

196. Aus dem Jahresabschluss der B-Tec GmbH zum 31. Dezember liegen folgende Informationen vor:

Gewinn- und Verlustrechnung	Anhang	
Umsatzerlöse		+17.000
Herstellungskosten der zur Erzielung der Umsatzerlöse erbrachten Leistungen		-12.000
Bruttoergebnis vom Umsatz		+5.000
Vertriebskosten		-1.500
allgemeine Verwaltungskosten		-2.750
sonstige betriebliche Erträge	(2)	+440
sonstige betriebliche Aufwendungen	(3)	-575
sonstige Zinsen und ähnliche Erträge		+30
Abschreibungen auf Wertpapiere des Umlaufvermögens		-40
Zinsen und ähnliche Aufwendungen		-180
Ergebnis der gewöhnlichen Geschäftstätigkeit		+425
außerordentliches Ergebnis		-10
Steuern vom Einkommen und vom Ertrag		-100
sonstige Steuern	(4)	-15
Jahresüberschuss		+300

Anhang (1)

Anlagenspiegel (in T€)

	Anla-gen 1.1.	Zugän-ge	Abgän-ge	Abschreibun-gen kumuliert	(Ab-schr. des GJ)	Rest-wert 31.12.	Rest-wert 31.12. Vorjahr
Sachanla-gen	18.500	2.000	500	19.000	(2.700)	1.000	2.000
Finanzanla-gen	2.500	0	0	500	(0)	2.000	2.000

(2) Sonstige betriebliche Erträge (in T€)

Auflösung des Sonderpostens mit Rücklageanteil 80

Erträge aus dem Abgang von Gegenständen des Anlagevermögens (bei Erlö-sen von 450 T€) 150

periodenfremde Erträge 30

übrige sonstige betriebliche Erträge 180

Gesamt 440

(3) Sonstige betriebliche Aufwendungen (in T€)

Abschreibungen aufgrund steuerlicher Sondervorschriften 80

außerplanmäßige Abschreibungen 93

Aufwendungen für Forschung und Entwicklung 190

Einstellung in den Sonderposten mit Rücklageanteil 150

periodenfremde Aufwendungen 20

übrige sonstige betriebliche Aufwendungen 42

Gesamt 575

(4) Sonstige Steuern (in T€)

verschiedene Betriebssteuern 18

Erstattungen aus Vorperioden -5

Nachzahlungen für Vorperioden 2

Gesamt 15

Die GmbH hat bereits folgende Kennzahlen ermittelt:

	Kennzahl für dieses Jahr	Kennzahl für Vorjahr
Anlagenfinanzierungsgrad I (Deckungsgrad A)	80%	90%
Anlagenfinanzierungsgrad II (Deckungsgrad B)	95%	100%

Der Verschuldungskoeffizient beträgt 1,5 mit Verschuldungskoeffizient = Fremdkapital / Eigenkapital

Ermitteln Sie die Eigenkapitalrentabilität nach Steuern!

A: 8,3%

B: 12,5%

C: 10%

D: 15%

197. Aus dem Jahresabschluss der B-Tec GmbH zum 31. Dezember liegen folgende Informationen vor:

Gewinn- und Verlustrechnung	Anhang	
Umsatzerlöse		+17.000
Herstellungskosten der zur Erzielung der Umsatzerlöse erbrachten Leistungen		-12.000
Bruttoergebnis vom Umsatz		+5.000
Vertriebskosten		-1.500
allgemeine Verwaltungskosten		-2.750
sonstige betriebliche Erträge	(2)	+440
sonstige betriebliche Aufwendungen	(3)	-575
sonstige Zinsen und ähnliche Erträge		+30
Abschreibungen auf Wertpapiere des Umlaufvermögens		-40
Zinsen und ähnliche Aufwendungen		-180
Ergebnis der gewöhnlichen Geschäftstätigkeit		+425

außerordentliches Ergebnis		-10
Steuern vom Einkommen und vom Ertrag		-100
sonstige Steuern	(4)	-15
Jahresüberschuss		+300

Anhang (1)

Anlagenspiegel (in T€)

	Anlagen 1.1.	Zugänge	Abgänge	Abschreibungen kumuliert	(Abschr. des GJ)	Restwert 31.12.	Restwert 31.12. Vorjahr
Sachanlagen	18.500	2.000	500	19.000	(2.700)	1.000	2.000
Finanzanlagen	2.500	0	0	500	(0)	2.000	2.000

(2) Sonstige betriebliche Erträge (in T€)

Auflösung des Sonderpostens mit Rücklageanteil 80

Erträge aus dem Abgang von Gegenständen des Anlagevermögens (bei Erlösen von 450 T€) 150

periodenfremde Erträge 30

übrige sonstige betriebliche Erträge 180

Gesamt 440

(3) Sonstige betriebliche Aufwendungen (in T€)

Abschreibungen aufgrund steuerlicher Sondervorschriften 80

außerplanmäßige Abschreibungen 93

Aufwendungen für Forschung und Entwicklung 190

Einstellung in den Sonderposten mit Rücklageanteil 150

periodenfremde Aufwendungen 20

übrige sonstige betriebliche Aufwendungen 42

Gesamt 575

(4) Sonstige Steuern (in T€)

verschiedene Betriebssteuern 18

Erstattungen aus Vorperioden -5

Nachzahlungen für Vorperioden 2

Gesamt 15

Die GmbH hat bereits folgende Kennzahlen ermittelt:

	Kennzahl für dieses Jahr	Kennzahl für Vorjahr
Anlagenfinanzierungsgrad I (Deckungsgrad A)	80%	90%
Anlagenfinanzierungsgrad II (Deckungsgrad B)	95%	100%

Der Verschuldungskoeffizient beträgt 1,5 mit Verschuldungskoeffizient = Fremdkapital / Eigenkapital

Ermitteln Sie das ordentliche Betriebsergebnis!

A: +500 T€

B: + 750 T€

C: -75 T€

D: +425 T€

198. Die ABC-AG weist folgende Bilanz und GuV aus: Bilanz zum 31. Dezember 2007 (in Mio. €)

Aktiva	
A. Anlagevermögen	2.000
B. Umlaufvermögen	
I. Vorräte	400
II. Forderungen aus Lieferungen und Leistungen	600

III. liquide Mittel	1.000
Passiva	
A. Eigenkapital	800
B. Langfristiges Fremdkapital	1.800
C. Kurzfristiges Fremdkapital	1.400

Gewinn- und Verlustrechnung

1. Umsatzerlöse	3.400
2. Veränderungen des Bestandes an fertigen und unfertigen Erzeugnissen	1.000
3. Materialaufwand	-2.200
4. Personalaufwand	-1.600
5. Abschreibungen auf immaterielle Vermögensgegenstände des Anlagevermögens und Sachanlagen	-600
6. Zinsaufwand	-500
7. sonstige betriebliche Aufwendungen	-1.600
8. sonstige betriebliche Erträge	+2.500
9. Jahresüberschuss	+400

Entwicklung des Anlagevermögens:

Anfangsbestand 2.200

Zugang 400

Abschreibungen 600

Entwicklung der Vorräte:

1.1.: 800

31.12.: 400

Entwicklung der Forderungen:

1.1.: 800

31.12.: 600

Wie hoch ist die Eigenkapitalquote?

A: 40%

B: 20%

C: 10%

D: 5%

199. Die ABC-AG weist folgende Bilanz und GuV aus: Bilanz zum 31. Dezember 2007 (in Mio. €)

Aktiva	
A. Anlagevermögen	2.000
B. Umlaufvermögen	
I. Vorräte	400
II. Forderungen aus Lieferungen und Leistungen	600
III. liquide Mittel	1.000
Passiva	
A. Eigenkapital	800
B. Langfristiges Fremdkapital	1.800
C. Kurzfristiges Fremdkapital	1.400

Gewinn- und Verlustrechnung

1. Umsatzerlöse	3.400
2. Veränderungen des Bestandes an fertigen und unfertigen Erzeugnissen	1.000
3. Materialaufwand	-2.200
4. Personalaufwand	-1.600
5. Abschreibungen auf immaterielle Vermögensgegenstände des Anlagevermögens und Sachanlagen	-600
6. Zinsaufwand	-500
7. sonstige betriebliche Aufwendungen	-1.600
8. sonstige betriebliche Erträge	+2.500
9. Jahresüberschuss	+400

Entwicklung des Anlagevermögens:

Anfangsbestand 2.200

Zugang 400

Abschreibungen 600

Entwicklung der Vorräte:

1.1.: 800

31.12.: 400

Entwicklung der Forderungen:

1.1.: 800

31.12.: 600

Wie hoch ist die Liquidität 1. Grades?

A: 71,43%

B: 31,25%

C: 100,0%

D: 50,0%

200. Die ABC-AG weist folgende Bilanz und GuV aus: Bilanz zum 31. Dezember 2007 (in Mio. €)

Aktiva	
A. Anlagevermögen	2.000
B. Umlaufvermögen	
I. Vorräte	400
II. Forderungen aus Lieferungen und Leistungen	600
III. liquide Mittel	1.000
Passiva	
A. Eigenkapital	800
B. Langfristiges Fremdkapital	1.800
C. Kurzfristiges Fremdkapital	1.400

Gewinn- und Verlustrechnung

1. Umsatzerlöse	3.400
2. Veränderungen des Bestandes an fertigen und unfertigen Erzeugnissen	1.000

3. Materialaufwand	-2.200
4. Personalaufwand	-1.600
5. Abschreibungen auf immaterielle Vermögensgegenstände des Anlagevermögens und Sachanlagen	-600
6. Zinsaufwand	-500
7. sonstige betriebliche Aufwendungen	-1.600
8. sonstige betriebliche Erträge	+2.500
9. Jahresüberschuss	+400

Entwicklung des Anlagevermögens:

Anfangsbestand 2.200

Zugang 400

Abschreibungen 600

Entwicklung der Vorräte:

1.1.: 800

31.12.: 400

Entwicklung der Forderungen:

1.1.: 800

31.12.: 600

Wie hoch ist die Liquidität 2. Grades?

A: 100,0%

B: 71,29%

C: 35,14%

D: 114,29%

201. Die ABC-AG weist folgende Bilanz und GuV aus: Bilanz zum 31. Dezember 2007 (in Mio. €)

Aktiva	
A. Anlagevermögen	2.000
B. Umlaufvermögen	
I. Vorräte	400

II. Forderungen aus Lieferungen und Leistungen	600
III. liquide Mittel	1.000
Passiva	
A. Eigenkapital	800
B. Langfristiges Fremdkapital	1.800
C. Kurzfristiges Fremdkapital	1.400

Gewinn- und Verlustrechnung

1. Umsatzerlöse	3.400
2. Veränderungen des Bestandes an fertigen und unfertigen Erzeugnissen	1.000
3. Materialaufwand	-2.200
4. Personalaufwand	-1.600
5. Abschreibungen auf immaterielle Vermögensgegenstände des Anlagevermögens und Sachanlagen	-600
6. Zinsaufwand	-500
7. sonstige betriebliche Aufwendungen	-1.600
8. sonstige betriebliche Erträge	+2.500
9. Jahresüberschuss	+400

Entwicklung des Anlagevermögens:

Anfangsbestand 2.200

Zugang 400

Abschreibungen 600

Entwicklung der Vorräte:

1.1.: 800

31.12.: 400

Entwicklung der Forderungen:

1.1.: 800

31.12.: 600

Wie hoch ist die Liquidität 3. Grades?

A: 142,86%

B: 71,43%

C: 35,72%

D: 7,14%

Handlungsfeld: Grundlagen wirtschaftlichen Handelns im Betrieb

Marketing

Allgemeine Grundlagen

1. Absatzorientierte Kooperation ...

A: betrifft die Einkaufsseite
B: betrifft die Absatzseite
C: bedeutet die Organisationen unterschiedlicher Handelsstufen
D: bedeutet die Zusammenarbeit von Organisationen der gleichen Handelsstufe

2. Beschaffungsorientierte Kooperation ...

A: betrifft die Einkaufsseite
B: betrifft die Absatzseite
C: bedeutet die Organisationen unterschiedlicher Handelsstufen
D: bedeutet die Zusammenarbeit von Organisationen der gleichen Handelsstufe

3. Die Zusammenarbeit von Einzelhandel mit Einzelhandel bedeutet

A: eine beschaffungsorientierte Kooperation
B: absatzorientierte Kooperation
C: vertikale Kooperation
D: horizontale Kooperation

4. Die Zusammenarbeit von Industrie mit Großhandel bedeutet

A: eine beschaffungsorientierte Kooperation
B: absatzorientierte Kooperation
C: vertikale Kooperation
D: horizontale Kooperation

5. Horizontale Kooperation ...

A: betrifft die Einkaufsseite
B: betrifft die Absatzseite
C: bedeutet die Organisationen unterschiedlicher Handelsstufen
D: bedeutet die Zusammenarbeit von Organisationen der gleichen Handelsstufe

6. Vertikale Kooperation ...

A: betrifft die Einkaufsseite
B: betrifft die Absatzseite
C: bedeutet die Organisationen unterschiedlicher Handelsstufen
D: bedeutet die Zusammenarbeit von Organisationen der gleichen Handelsstufe

7. Was ist kein typischer Trend im Handel?

A: Steigende Eigenkapitalquoten
B: Sinkender Gewinn
C: Konsumrückgang
D: kein Wachstum

8. Was ist kein Vorteil bei einem Franchising für den Franchisegeber?

A: Der Franchisegeber benötigt wenig Eigenkapital.
B: Franchisegeber erhalten bei Fremdkapitalverhandlungen die Bonität der Franchisenehmer zusätzlich zur eigenen Bonität.
C: Die Expansion kann schneller erfolgen als ohne Franchisesystem.
D: Die Franchisenehmer kennen die regionalen Märkte besser, so dass die Expansion besser gelingt.

9. Was ist kein Vorteil bei einem Franchising für den Franchisenehmer?

A: Die Existenzgründung wird durch Finanzierungshilfen unterstützt.
B: Eine Reihe von Aufgaben wird vom Franchisegeber übernommen.
C: Die Unterstützung durch den Franchisegeber macht die Existenzgründung sicherer.
D: Franchising ist günstiger als Eigengründungen.

10. Welche Aussage ist falsch für ein Warenhaus?

A: In einem Warenhaus ist das Sortiment sehr breit.
B: Die Servicequalität in einem Warenhaus ist in der Regel sehr gering.
C: Die Preislage in einem Warenhaus ist mittel bis hoch.
D: Die Kommunikation für ein Warenhaus erfolgt stark per Zeitungswerbung über die gesamte Sortimentsbreite.

11. Welche Aussage ist falsch für einen Discounter?

A: In einem Discounter ist das Sortiment meistens sehr eng
B: Die Servicequalität in einem Discounter ist in der Regel sehr gering.
C: Die Preislage bei einem Discounter ist gering
D: Der Verkauf in einem Discounter erfolgt in der Regel mit Bedienung.

12. Welche Besonderheit existiert beim Handelsmarketing nicht?

A: Die Produkte unterscheiden sich aus Kundensicht oft nur marginal.
B: Oftmals haben die Kunde keine vollständige Produktkenntnis.
C: Die Konkurrenzsituation ist im Regelfall sehr transparent.
D: Da im Handel eine Vielzahl von Kunden besteht, ist eine einzige Marketingmaßnahme nicht ausreichend.

13. Welche Chancen können durch Kooperationen nicht erreicht werden?

A: neue Vertriebswege
B: neue Sortimenge
C: neue Preisstrategien
D: neue Rechtsformen

14. Welche Vorteile hat die Expansion per "grüner Wiese" nicht?

A: viele Parkmöglichkeiten
B: große Verkaufsflächen für relativ niedrige Kosten
C: niedrige Raumkosten
D: gute Erreichbarkeit mit öffentlichen Verkehrsmitteln

15. Zu den Instrumenten zur Marktgestaltung zählt nicht ...

A: Produktpolitik
B: Preispolitik
C: Marktforschung
D: Distributionspolitik

Break-Even-Analyse

16. Ein Schnellimbiss verkauft Hot Dogs zu je 1,50 €. Die Hot Dog Würstchen werden im Paket zu je 42 Würstchen zu je 25,20 € gekauft. Als Standgebühr fallen täglich 490 € an. Weiterhin fallen Kosten für die Aushilfe und für sonstige Marktkosten in Höhe von 770 € pro Tag an. (Alle Beträge ohne USt.) Ermitteln Sie die Break-Even-Menge.

A: Die Break-Even-Menge liegt bei 840 Hot Dogs.
B: Die Break-Even-Menge liegt bei 1.400 Hot Dogs.
C: Die Break-Even-Menge liegt bei 920 Hot Dogs.
D: Die Break-Even-Menge liegt bei 1040 Hot Dogs.

17. Ein Schnellimbiss verkauft Hot Dogs zu je 1,50 €. Die Hot Dog Würstchen werden im Paket zu je 42 Würstchen zu 25,20 € gekauft. Als Standgebühr fallen täglich 490 € an. Weiterhin fallen Kosten für die Aushilfe und für sonstige Marktkosten in Höhe von 770 € pro Tag an. (Alle Beträge ohne USt.) Berechnen Sie den Break-Even-Umsatz.

A: Der Break-Even-Umsatz beträgt 1.260 €.
B: Der Break-Even-Umsatz beträgt 1560 €.
C: Der Break-Even-Umsatz beträgt 1380 €.
D: Der Break-Even-Umsatz beträgt 2.100 €.

18. Ein Schnellimbiss verkauft Hot Dogs zu je 1,50 €. Die Hot Dog Würstchen werden im Paket zu je 42 Würstchen zu je 25,20 € gekauft. Als Standgebühr fallen täglich 490 € an. Weiterhin fallen Kosten für die Aushilfe und für sonstige Marktkosten in Höhe von 770 € pro Tag an. (Alle Beträge ohne USt.) Der Händler will 5000 Hot Dogs pro Tag verkaufen. Wie hoch ist dann der Erfolgs- beitrag pro Tag?

A: Der Erfolgsbeitrag pro Tag beträgt 2840 €.
B: Der Erfolgsbeitrag pro Tag beträgt 4500 €.
C: Der Erfolgsbeitrag pro Tag beträgt 3240 €.
D: Der Erfolgsbeitrag pro Tag beträgt 6240 €.

19. Ein Schnellimbiss verkauft Hot Dogs zu je 1,50 €. Die Hot Dog Würstchen werden im Paket zu je 42 Würstchen zu je 25,20 € gekauft. Als Standgebühr fallen täglich 490 € an. Weiterhin fallen Kosten für die Aushilfe und für sonstige Marktkosten in Höhe von 770 € pro Tag an. (Alle Beträge ohne USt.) Der Händler möchte den Preis auf 1,35 €/Hot Dog senken, um so den Absatz anzukurbeln. Um wie viel Prozent muss er seinen Absatz steigern, um den derzeitigen Erfolgsbeitrag von 3240 € bei einer Umsatzmenge von 5000 Stk beizubehalten?

A: Er muss seinen Absatz um 10% steigern.
B: Er muss seinen Absatz um 15% steigern.
C: Er muss seinen Absatz um 20% steigern.
D: Er muss seinen Absatz um 25% steigern.

20. Ein Schnellimbiss verkauft Hot Dogs zu je 1,50 €. Die Hot Dog Würstchen werden im Paket zu je 42 Würstchen zu je 25,20 € gekauft. Als Standgebühr fallen täglich 490 € an. Weiterhin fallen Kosten für die Aushilfe und für sonstige Marktkosten in Höhe von 770 € pro Tag an. (Alle Beträge ohne USt.) Wegen gestiegener Fleischprise ziehen die Würstchenpreise kurz vor Marktbeginn an. Für ein Paket muss der Händler nun 35,70 € zahlen. Gleichzeitig soll der Preis für einen Hot Dog auf 1,35 € gesenkt werden um den Umsatz anzukurbeln. Berechnen Sie die Break-even-Menge.

A: Die Break-even-Menge beträgt nun 1938 Hot Dogs.
B: Die Break-even-Menge beträgt nun 2930 Hot Dogs.
C: Die Break-even-Menge beträgt nun 2520 Hot Dogs.
D: Die Break-even-Menge beträgt nun 1680 Hot Dogs.

21. Ein Schnellimbiss verkauft Hot Dogs zu je 1,35 €. Die Hot Dog Würstchen werden im Paket zu je 42 Würstchen zu je 25,20 € gekauft. Als Standgebühr fallen täglich 490 € an. Weiterhin fallen Kosten für die Aushilfe und für sonstige Marktkosten in Höhe von 770 € pro Tag an. (Alle Beträge ohne USt.) Kurz vor Saisonbeginn steigen die Fleischpreise, so dass der Händler für ein Paket 35,70 € bezahlen muss. Ermitteln Sie den Erfolgsbeitrag aus dem Hot Dog Verkauf wenn 5250 Hot Dogs verkauft werden.

A: Der Erfolgsbeitrag beträgt 1365 €.
B: Der Erfolgsbeitrag beträgt 2152,5 €.
C: Der Erfolgsbeitrag beträgt 2675,5 €.
D: Der Erfolgsbeitrag beträgt 1280 €.

22. Für das Oktoberfest in München stellt eine Brauerei 20.000 l Weizenbier her. Restmengen werden von der Münchener Gaststätte abgenommen. Die Planerfolgsrechnung zeigt folgendes Bild: Text Betrag in € variabler Kostenan- teil in % Umsatzerlöse 180.000 Materialkosten 21.000 100 Löhne 4.000 100 Fertigungsgemeinkosten 25.000 60 Verwaltungsgemeinkosten 10.000 0 Vertriebsgemeinkosten 80.000 80 Selbstkosten 140.000 Ergebnis des Umsatzes 40.000 Ermitteln Sie die Gewinnschwellenmenge.

A: Die Gewinnschwellenmenge beträgt 9480 €.
B: Die Gewinnschwellenmenge beträgt 9379 €.
C: Die Gewinnschwellenmenge beträgt 9537 €.
D: Die Gewinnschwellenmenge beträgt 9474 €.

23. Für das Oktoberfest in München stellt eine Brauerei 20.000 l Weizenbier her. Es wird ein Umsatz von 180.000 € erwirtschaftet. Die Selbstkosten je Liter betragen 5,2 € und die Fixkosten betragen 36.000 €. Das Klosterfest soll einen Ergebnisbeitrag von 25.000 € erwirtschaften. Ermitteln Sie, wie viel Bier ver- kauft werden muss, um dieses Ergebnis zu erreichen.

A: Um einen Ergebnisbeitrag von 25.000 € zu erwirtschaften muss die Brauerei 16.053 l verkaufen.
B: Um einen Ergebnisbeitrag von 25.000 € zu erwirtschaften muss die Brauerei 16.128 l verkaufen.
C: Um einen Ergebnisbeitrag von 25.000 € zu erwirtschaften muss die Brauerei 15.892 l verkaufen.
D: Um einen Ergebnisbeitrag von 25.000 € zu erwirtschaften muss die Brauerei 16.089 l verkaufen.

24. Für das Oktoberfest in München stellt eine Brauerei 20.000 l Weizenbier her. Restmengen werden von der Münchener Gaststätte abgenommen. Nehmen Sie an, dass die variablen Kosten, die bisher bei 5,2 €/l liegen im kommenden Jahr um 10%, die Fixkosten bleiben bei 36.000 €. Derzeit wird ein Liter Weizenbier für 9 € verkauft. Berechnen Sie die Preiserhöhung, die notwendig ist, damit ein Ergebnis von 25.000 € erwirtschaftet wird bei einer Menge von 16.053 l.

A: Der Preis muss um 5,9% erhöht werden.
B: Der Preis muss um 5,3% erhöht werden.
C: Der Preis muss um 5,7% erhöht werden.
D: Der Preis muss um 6,1% erhöht werden.

Marketing

25. Bei einer Dachmarke ...

A: hat jedes einzelne Produkt einen speziellen Markennamen
B: haben alle Produkte den gleichen Namen
C: wird eine Kombination von speziellen Markennamen und einem gemeinsamen Namen für alle Produkte gewählt
D: alle Aussagen sind falsch

26. Bei einer Kombinationsmarke ...

A: hat jedes einzelne Produkt einen speziellen Markennamen
B: haben alle Produkte den gleichen Namen
C: wird eine Kombination von speziellen Markennamen und einem gemeinsamen Namen für alle Produkte gewählt
D: alle Aussagen sind falsch

27. Bei einer Monomarke ...

A: hat jedes einzelne Produkt einen speziellen Markennamen
B: haben alle Produkte den gleichen Namen
C: wird eine Kombination von speziellen Markennamen und einem gemeinsamen Namen für alle Produkte gewählt
D: alle Aussagen sind falsch

28. Im Rahmen der Marktforschung unterscheidet man Primär- und Sekundär- forschung. Welche der folgenden Aussagen ist falsch?

A: Bei der Primärforschung werden eigene Untersuchungen durchgeführt.
B: Die Sekundärforschung ist aufwendiger.
C: Bei der Sekundärforschung werden bereits vorliegende Materialien ausgewertet.
D: Die Sekundärforschung ist günstiger.

29. Persönliche Preisdifferenzierung bedeutet ...

A: unterschiedliche Preis in verschiedenen Regionen
B: unterschiedliche Preise für unterschiedliche Mengen
C: unterschiedliche Preise für unterschiedliche Tageszeiten
D: unterschiedliche Preise je nach Personengruppe

30. Preisdifferenzierung nach Absatzmengen bedeutet ...

A: unterschiedliche Preis in verschiedenen Regionen
B: unterschiedliche Preise für unterschiedliche Mengen
C: unterschiedliche Preise für unterschiedliche Tageszeiten
D: unterschiedliche Preise je nach Personengruppe

31. Räumliche Preispolitik bedeutet ...

A: unterschiedliche Preis in verschiedenen Regionen
B: unterschiedliche Preise für unterschiedliche Mengen
C: unterschiedliche Preise für unterschiedliche Tageszeiten
D: unterschiedliche Preise je nach Personengruppe

32. Was ist keine Aufgabe der Preispolitik? A: Das generelle Preissegment festlegen
B: Gewinnung neuer Märkte
C: Preisvergleiche mit der Konkurrenz durchführen
D: Den Preis neuer Produkte festzulegen

33. Welche Ziele können mithilfe der Preispolitik nicht realisiert werden?
A: Umsatzmaximierung
B: direkte Kundenlieferungen
C: Neukundengewinnung
D: Gewinnung von Marktanteilen

34. Zeitliche Preispolitik bedeutet ...

A: unterschiedliche Preis in verschiedenen Regionen
B: unterschiedliche Preise für unterschiedliche Mengen
C: unterschiedliche Preise für unterschiedliche Tageszeiten
D: unterschiedliche Preise je nach Personengruppe

35. Zu den direkten Absatzwegen zählt nicht ...

A: Geschäftsleitung
B: Handelsvertreter
C: Innendienst
D: Verkaufsbüros

36. Zu den indirekten Absatzwegen zählt nicht ...

A: Filialen
B: Kommissionäre
C: Franchise-Systeme
D: Großhandel

37. Zu den qualitativen Marketingzielen gehören nicht ...

A: Marktanteilsziele
B: Image
C: Qualität
D: Kundenzufriedenheit

38. Zu den quantitativen Marketingzielen gehören nicht ...

A: Umsatzziele
B: Marktanteilsziele
C: Kostenziele
D: Bekanntheitsgrad

39. Zu Produktinnovationen zählt nicht ...

A: Produktdifferenzierung
B: horizontale Diversifikation
C: vertikale Diversifikation
D: Produktvariation

Marktanalysen

40. Die Back-AG verkauft für 500 Mio. € Backwaren. Auf dem Markt verkaufen
Konkurrenten im gleichen Zeitraum Backwaren im Volumen von 1.000 Mio. €. Das
Marktforschungsinstitut Orakel geht davon aus, dass insgesamt für 2.000
Mio. € Backwaren abgesetzt werden könnten, wenn alle marketingpolitischen Mit-
tel umgesetzt würden. Wie stark ist das Marktpotenzial bei Backwaren aus- ge-
schöpft?

A: 75% B: 33% C: 50% D: 25%

41 Die Back-AG verkauft für 500 Mio. € Backwaren. Auf dem Markt verkaufen
Konkurrenten im gleichen Zeitraum Backwaren im Volumen von 1.000 Mio. €. Das
Marktforschungsinstitut Orakel geht davon aus, dass insgesamt für 2.000
Mio. € Backwaren abgesetzt werden könnten, wenn alle marketingpolitischen
Mittel umgesetzt würden. Wie hoch ist der Marktanteil der Back-AG?

A: 20% B: 33% C: 50% D: 14%

42. In der Kundenanalyse wird nicht betrachtet ...

A: Zielgruppenprofil
B: Marktsegmentierung
C: Informationen über Vertriebsstrukturen
D: Wertewandel

43. In der Portfolio-Methode (BCG-Matrix) unterscheidet man vier Felder. Ar- me Hunde ... Welche Aussage ist falsch?

A: verbrauchen wenig Cash
B: erzeugen nicht viel Cash
C: sollten in der Regel vom Markt genommen werden
D: haben einen hohen Marktanteil

44. In der Portfolio-Methode (BCG-Matrix) unterscheidet man vier Felder. Milch- kühe ... Welche Aussage ist falsch?

A: sind in der Sättigungsphase
B: sollten verkauft werden
C: erbringen einen hohen Deckungsbeitrag
D: sind die Quellen für Gewinn und Liquidität

45. In der Portfolio-Methode (BCG-Matrix) unterscheidet man vier Felder. Stars ... Welche Aussage ist falsch?

A: wachsen schnell und verbrauchen viel Cash
B: haben einen hohen Marktanteil
C: haben in der Regel einen hohen Deckungsbeitrag
D: sind die Milchkühe von morgen

46. Welches der folgenden Instrumente ist kein Instrument der strategischen Analyse?

A: Konkurrenzanalyse
B: Chancen-Risiken-Analyse
C: Stärken-Schwächen-Analyse
D: Aktienanalyse

Marktforschung

47. Welchen Nachteil hat die Sekundärforschung insbesondere?

A: zeitaufwendig
B: hohe Kosten
C: in der Regel kein Erkenntnisgewinn
D: überholte Materialien

48. Welchen Vorteil hat die Sekundärforschung nicht?

A: geringerer Zeitaufwand
B: geringere Kosten
C: exakte Beantwortung der Fragestellung
D: Gewinnung ergänzender Erkenntnisse

49. Zu den Auswahlverfahren der Primärforschung zählt nicht ...

A: Panelverfahren
B: Befragung
C: Beobachtung
D: Test

50. Zu den Erhebungsarten der Primärforschung zählt nicht ...

A: Vollerhebung
B: Beobachtung
C: Teilerhebung
D: Quotenverfahren

Offene Fragen

Aufgabe 1

Was sind die Schritte des Marketingprozesses?

Aufgabe 2

Was sind Marketingziele?

Aufgabe 3

Grenzen Sie operative und strategische Marketingziele voneinander ab!

Aufgabe 4

Nennen Sie Beispiele für strategische Marketingziele!

Aufgabe 5

Nennen Sie Beispiele für operative Marketingziele!

Aufgabe 6

Was sind Marketingstrategien?

Aufgabe 7

Was versteht man unter Marktsegmentierung?

Aufgabe 8

Welche Schritte werden in der Marktsegmentierung durchlaufen?

Aufgabe 9

Was ist eine Wettbewerbsstrategie?

Aufgabe 10

Was versteht man unter dem Produktlebenszyklus?

Aufgabe 11

Was ist die Portfolio-Analyse?

Aufgabe 12

Was sind die fünf Wettbewerbskräfte im Rahmen der Branchenstrukturanaly- se?

Aufgabe 13

Welches Ziel hat die Konkurrenzanalyse?

Aufgabe 14

Was sind Marketinginstrumente?

Aufgabe 15

Was ist Ziel der Produktpolitik?

Aufgabe 16

Was sind die Aufgaben der Produktpolitik?

Aufgabe 17

Was gehört zur Produktgestaltung?

Aufgabe 19

Was ist Aufgabe der Preispolitik?

Aufgabe 20

Was ist die kostenorientierte Preispolitik?

Aufgabe 21

Was ist die konkurrenzorientierte Preispolitik?

Aufgabe 22

Wie wird die Preiselastizität ermittelt und welche Aussage hat eine geringe Preiselastizität?

Aufgabe 23

Was versteht man unter Preisdifferenzierung?

Aufgabe 24

Was ist die Skimming Strategie?

Aufgabe 25

Was ist die Penetration Strategie?

Aufgabe 26

Wie ist die typische Vertriebsorganisation aufgebaut?

Personalwesen und Mitarbeiterrechte

Arbeits- und Sozialrecht

1. Der 53jährige A erhält von seinem Arbeitgeber einen befristeten Arbeitsvertrag mit einer Dauer von fünf Jahren. Ist das rechtens?

A: Ja
B: Nein

2. Der Tarifvertrag, dem das Unternehmen U unterliegt, sieht Schriftform bei Arbeitsverträgen vor. U schließt mündlich einen Arbeitsvertrag mit A, will diesen aber kurze Zeit später nicht mehr anstellen und verweist auf den Tarifvertrag. Der Arbeitsvertrag sei nichtig, da nicht schriftlich abgeschlossen, wie es im Tarifvertrag verlangt wird. Stimmt dies?

A: Ja
B: Nein

3. Eine Massenentlassung liegt nicht vor, wenn innerhalb von 30 Kalendertagen ...

A: in Betrieben mit in der Regel mehr als 20 und weniger als 60 Arbeitnehmern mehr als fünf Arbeitnehmer entlassen werden
B: in Betrieben mit in der Regel mehr als 60 und weniger als 500 Arbeitnehmern mehr als 10% oder 25 Arbeitnehmer entlassen werden
C: in Betrieben mit in der Regel mehr als 500 Arbeitnehmern mehr als 30 Arbeitnehmer entlassen werden
D: in Betrieben mit in der Regel mehr als 10.000 Arbeitnehmern mehr als 100 Arbeitnehmer entlassen werden

4. In einem Arbeitsvertrag sind Regelungen vereinbart, die dem Tarifvertrag widersprechen. Ist das rechtens?

A: Ja
B: Nein

5. Ist Gewohnheitsrecht und Richterrecht als Rechtsgrundlage bindend?

A: Ja
B: Nein

6. Was zählt nicht zu den Nebenpflichten des Arbeitgebers?

A: Schutz für Leben und Gesundheit
B: Gleichbehandlungsgrundsatz
C: Gewährung von Erholungsurlaub
D: Verschwiegenheitspflicht

7. Was zählt nicht zu den Nebenpflichten des Arbeitnehmers?

A: Verschwiegenheitspflicht
B: Gleichbehandlungsgrundsatz
C: Wettbewerbsverbot
D: Pflicht zur Anzeige drohender Schäden

Beteiligungsrechte

8. Was zählt nicht zu den Mitbestimmungsrechten?

A: Zustimmungsverweigerungsrechte

B: Zustimmungserfordernisrechte

C: Initiativrechte

D: Beratungsrechte

9. Was zählt nicht zu den Mitwirkungsrechten?

A: Informationsrechte

B: Vorschlagsrechte

C: Initiativrechte

D: Anhörungsrechte

Personalbeschaffung

10. C wird von seinem Unternehmen die Beförderung zum Abteilungsleiter schriftlich zugesagt. Nach einer Bewerbung von D stellt das Unternehmen diesen ein und setzt die Beförderung von C nicht um. Kann dieser außerordentlich kündigen?

A: Ja

B: Nein

11. Kein Nachteil der Personalbeschaffung per Internet ist ...

A: geringe Selektionsmöglichkeit

B: Virengefahr

C: Probleme bei der Datensicherheit

D: Online-Bewertungsformular kann aufwendig sein

12. Kein Vorteil der Personalbeschaffung per Internet ist ...

A: Preis-/Leistungsverhältnis

B: großer Adressantenkreis

C: hohe Datensicherheit

D: wenig Papier

13. Mitarbeiter M telefoniert täglich mehrere Stunden privat. Ist dies Grund für eine außerordentliche Kündigung?

A: Ja

B: Nein

14. Unternehmen A hat Mitarbeiter B das letzte Gehalt nicht gezahlt. B kündigt direkt außerordentlich. Ist dies rechtens?

A: Ja

B: Nein

15. Was muss in einer innterbetrieblichen Stellenausschreibung genannt werden?

A: Gehalt

B: Abteilung

C: Gehaltsgruppe

D: Anforderungen

16. Welche der folgenden Instrumente dient nicht zur Beschaffung von Personal?

A: innerbetriebliche Stellenausschreibung

B: Nachfolgeplanungen

C: systematisch betriebene Personalentwicklung

D: alle anderen Antworten sind richtig

Personalentlohnung

17. Ein Vorteil des Gruppenlohns ist nicht ...

A: gegenseitige Kontrolle der Gruppenmitglieder

B: Leistungsschwächere werden zur Mehrarbeit angeregt

C: Förderung der Zusammenarbeit

D: Leistungsstarke werden bevorzugt

18. Gehalt ...

A: ist das Entgelt der Angestellten

B: ist das Entgelt der gewerblichen Arbeitnehmer

C: ist das Entgelt von Angestellten und gewerblichen Arbeitnehmern

D: ist ein rein umgangssprachlicher Begriff

19. Lohn ...

A: ist das Entgelt der Angestellten

B: ist das Entgelt der gewerblichen Arbeitnehmer

C: ist das Entgelt von Angestellten und gewerblichen Arbeitnehmern

D: ist ein rein umgangssprachlicher Begriff

20. Wertschöpfung ist ...

A: die Differenz von Umsatz abzüglich Aufwendungen

B: die Differenz von Umsatz abzüglich Personalaufwendungen

C: die Differenz von Umsatz abzüglich Materialaufwendungen

D: die Differenz von Erlösen abzüglich Vorleistungen

21. Zu den Kriterien für die Wahl der Entgeltform sollte nicht gehören ...

A: arbeitsrechtliche Bedingungen

B: personalwirtschaftliche Zielsetzungen

C: Unternehmensgröße

D: objektive Arbeitsbedingungen

22. Zum Leistungslohn zählt nicht ...

A: Akkordlohn

B: Zeitlohn

C: Zeitakkord

D: Prämienlohn

Personalentwicklung

23. Bei der Entwicklungsanalyse wird geprüft,

A: ob der Lebenslauf zeitliche Lücken aufwirft

B: ob die berufliche Entwicklung nachvollziehbar ist

C: ob ein gravierender Branchenwechsel stattfindet

D: ob ein gravierender Wechsel hinsichtlich der Unternehmensgröße erfolgt

24. Bei der Zeitfolgenanalyse wird geprüft,

A: ob der Lebenslauf zeitliche Lücken aufwirft

B: ob die berufliche Entwicklung nachvollziehbar ist

C: ob ein gravierender Branchenwechsel stattfindet

D: ob ein gravierender Wechsel hinsichtlich der Unternehmensgröße erfolgt

25. Das neu gegründete Unternehmen schließt mit A einen befristeten Arbeitsvertrag mit einer Dauer von vier Jahren ab. Ist das erlaubt?

A: Ja

B: Nein

26. Das Unternehmen M stellt A für sechs Monate an (ohne sachlichen Grund). Der Vertrag wird viermal um jeweils drei Monate verlängert. Danach verlängert M den Vertrag nicht. A

behauptet, dass die Verlängerungen nicht erlaubt seien und verlangt einen unbefristeten Vertrag. Ist die Vorgehensweise von M rechtens?

A: Ja

B: Nein

27. Der Tarifvertrag, dem das Unternehmen U unterliegt, sieht Schriftform bei Arbeitsverträgen vor. U schließt mündlich einen Arbeitsvertrag mit A, will diesen aber kurze Zeit später nicht mehr anstellen und verweist auf den Tarifvertrag. Der Arbeitsvertrag sei nichtig, da nicht schriftlich abgeschlossen, wie es im Tarifvertrag verlangt wird. Stimmt dies?

A: Ja

B: Nein

28. Eine Konkurrenzklausel ...

A: reicht mündlich

B: ist immer verboten

C: ist nur schriftlich wirksam

D: bedarf der Eintragung ins Handelsregister

29. Ist der Arbeitsvertrag an Formen gebunden?

A: Ja

B: Nein

30. Schulzeugnisse ...

A: sind immer gleich wichtig

B: sind mit zunehmendem Alter unwichtiger

C: sind immer unwichtig

D: spielen nur bei der Erstanstellung eine Rolle

31. Zu den objektiven Tatbeständen der Analyse von Arbeitszeugnissen zählt nicht ...

A: die Dauer der Tätigkeit

B: der Anteil von Führungsaufgaben

C: Tätigkeitsinhalte

D: spezifische Formulierungen

32. Zur Kontrolle des Erfolges im Rahmen der Personalentwicklung zählt/zählen ...

A: Lernerfolg

B: Lernerfolg und Anwendungserfolg

C: Anwendungserfolg

D: weder das eine noch das andere

Personalplanung

33. Unter Personalanpassung versteht man nicht ...

A: Freisetzung von Personal

B: Beschaffung von Personal

C: Personalentwicklung

D: Personalbezahlung

34. Was ist kein externer Faktor der Personalplanung?

A: Fluktuation

B: Marktentwicklung

C: Arbeitsmarkt

D: Arbeitszeiten

35. Was ist kein interner Faktor der Personalplanung?

A: Unternehmensziele

B: Technologiewandel

C: Investitionen

D: Altersstruktur

36. Was ist keine Aufgabe der Personalplanung?

A: Planung des quantitativen Personalbedarfs
B: Planung der Personalbeschaffung
C: alle anderen Antworten sind richtig
D: Planung der Personalanpassung

37. Zu den differenzierten Verfahren zur Ermittlung des Bruttopersonalbedarf zählt nicht ...

A: Schätzverfahren
B: Stellenplanmethode
C: Personalbemessung
D: differenzierte Kennzahlen

38. Zu den globalen Verfahren zur Ermittlung des Bruttopersonalbedarf zählt nicht ...

A: Schätzverfahren
B: Trendverfahren
C: Personalbemessung
D: Regressionsrechnung

39. Wie unterscheiden sich Unternehmens- und Mitarbeiterbedürfnisse in der Personalwirtschaft?

40. Welche generellen Aufgaben hat die Personalwirtschaft in einem Unternehmen?

41. Aus welchen Sichtweisen kann die Belegschaft eines Unternehmens betrachtet werden?

42. Welche Einteilung des Personals erfolgt aus arbeitsrechtlicher Sicht? Welche Tätigkeiten werden in der jeweiligen Ebene vorrangig ausgeübt?

43. Nennen Sie die Träger der Personalwirtschaft.

44. Benennen Sie Haupt- und Nebenziele einer Personalwirtschaft.

45. Was bezeichnet man als Personalpolitik? Welche Bereiche bezüglich der Personalpolitik sprechen für eine ausgerichtete Unternehmenskultur?

46. Wie erfolgt die Einteilung des Personalwesens in die Betriebsstruktur? Welcher Faktor sollte hierbei stets beachtet werden?

47. Welche Organisation der Personalwirtschaft in die Hierarchie des Unternehmens gewährleistet eine unabhängige Einteilung zu Unternehmensbereichen?

48. Welchen Nachteil hat eine Unterordnung der Personalwirtschaft unter die Führung eines Zwischenvorgesetzen in die 3. Hierarchiestufe?

49. Nennen Sie Vor- und Nachteile einer Einteilung der Personalwirtschaft in die Spartenorganisation eines Unternehmens.

50. Was unterscheidet die Zuordnung der Personalwirtschaft in ein Cost-Center zu der Einteilung in ein Profit- Center?

51. Welche Anforderungen werden an Beschäftigte im Personalbereich gestellt?

52. Definieren Sie individuelles und kollektives Arbeitsrecht.

53. Welche arbeitsrechtlichen Bestimmungen finden sich im BGB, im HGB, in Tarifverträgen und in Betriebsvereinbarungen?

54. Welchen Unterschied gibt es zwischen Arbeitsverhältnis und Arbeitsvertrag?

55. Welche Pflichten ergeben sich aus dem Arbeitsverhältnis für Arbeitgeber und Arbeitnehmer?

56. Aus welchen Gründen kann ein Arbeitsverhältnis beendet werden?

57. Nennen und beschreiben Sie die Hauptbestandteile des Schuldrechts in einem Tarifvertrag.

58. Welche Grundsätze gelten für die Zusammenarbeit zwischen Betriebsrat und Arbeitgeber?

59. In welchem Bereich ist die Beteiligung des Betriebsrates besonders ausgeprägt? Zählen Sie 5 Elemente hieraus auf.

60. Wie heißen die 3 Instanzen der Arbeitsgerichtsbarkeit?

Rechtliche und steuerliche Grundlagen

Grundlagen

1. A kauft bei B 10 Kästen Bier. A ist der Ansicht, B müsse ihm die Kästen liefern, B ist der Ansicht, A müsste sie abholen. Wer hat Recht?

A: A

B: B

2. A kündigt seinen Job bei B am Freitag per Brief, der B am Montag zugeht. Am Wochenende entscheidet sich A um und nimmt die Kündigung per Widerruf zurück. Er legt den Widerruf noch vor Postzugang in den Posteingangskorb von B. Da die Post auf den Widerruf gelegt wird, liest B zunächst die Kündigung. Ist die Kündigung wirksam?

A: Ja

B: Nein

3. A stirbt und hinterlässt 1 Mio. €. Sie hat zwei Kinder, B und C. Aufgrund des schlechten Verhältnisses mit C soll B Alleinerbe sein. Wie viel bekommt C?

A: 0 €

B: 200.000 €

C: 500.000 €

D: 250.000 €

4. A tritt seine Forderung gegen B an die C-Bank an, ohne dies B mitzuteilen. B zahlt an A, woraufhin die C-Bank sich an B wendet und von ihm die Zahlung verlangt. Hat die Bank Recht?

A: Ja

B: Nein

5. A und B betreiben zusammen die Pommesbude "Pommes A und B". A kauft auf einer Messe von C eine Großfritteuse für 20.000 €, die er mit 2.000 € an- bezahlt. C verlangt die Zahlung des Restbetrages von B, der die Zahlung we- gen der Überdimensionierung der Fritteuse verweigert. Welchen Betrag muss B zahlen?

A: 18.000 €

B: 0 €

C: 10.000 €

D: 9.000 €

6. A und B leben in Gütertrennung. A stirbt ohne Testament und hinterlässt neben B die gemeinsamen Kinder C und D. Wie viel bekommt B vom Erbe?

A: ½

B: 1/4

C: 1/3

D: 100%

7. A zieht von W nach X, schuldet seinem gewerblichen Vermieter B in W aber noch Miete. Welches Gericht ist zuständig?

A: Amtsgericht in W

B: Amtsgericht in X

C: Landgericht in W

D: Landgericht in X

8. A zieht von W nach X, schuldet seinem Vermieter B in W aber noch Miete. Welches Gericht ist zuständig?

A: Amtsgericht in W

B: Amtsgericht in X

C: Landgericht in W

D: Landgericht in X

9. A, B und C gründen die ABC-GbR, die in 01 ein Darlehen von der K-Bank erhält. In 03 scheidet C aus der Gesellschaft aus und wird in 04 durch D ersetzt. Wer haftet in 05 für das Darlehen?

A: A und B

B: A, B und C

C: A, B und D

D: A, B, C und D

10. Beschränkt geschäftsfähig ist ein Mensch, ...

A: der noch nicht das siebente Lebensjahr vollendet hat

B: der das siebente Lebensjahr vollendet hat, aber noch nicht das 18. Lebensjahr

C: der noch nicht das 18. Lebensjahr vollendet hat

D: dem die Geschäftsfähigkeit per Gericht aberkannt wird

11. Das Unternehmen U hat zur Sicherung des Kontokorrentkredits im Wege einer stillen wirksamen Globalzession Forderungen gegen Kunden an die Bank B abgetreten. Als U seinen Verpflichtungen aus dem Kreditvertrag nicht mehr nachkommen kann, kündigt B den Kreditvertrag und verlangt von den Schuldnern der abgetretenen Forderungen die Zahlung. Der Schuldner G hat die Forderungen des U direkt an U gezahlt, da er nichts von der Abtretung wusste. Kann B von G die Zahlung verlangen?

A: Ja

B: Nein

12. Der Kunde X steht mit der Bank A in einer langjährigen Geschäftsbeziehung. U.a. hat X bei A ein langjähriges Darlehen sowie seit 2000 ein unter Einbeziehung der AGB eröffnetes Sparkonto. Am 1. Juni 2008 verpfändet X

das Sparguthaben bei der Bank A an die Bank B durch Übergabe des Sparbuches, X zeigt die Verpfändung am 12. Juli an. Am 10. Juni 2008 verpfändet X das Sparguthaben zusätzlich an die Bank C, in diesem Fall ohne Übergabe des Sparbuches. Er erlaubt der Bank C die Anzeige der Verpfändung. C zeigt A die Verpfändung am 15. Juni 2008 an. Welche Bank hat tatsächlich ein Pfandrecht an dem Sparguthaben?

A: Bank A

B: Bank B und Bank C

C: keine Bank

D: alle Banken

13. Der Kunde X steht mit der Bank A in einer langjährigen Geschäftsbeziehung. U.a. hat X bei A ein langjähriges Darlehen sowie seit 2000 ein unter Einbeziehung der AGB eröffnetes Sparkonto. Am 1. Juni 2008 verpfändet X das Sparguthaben bei der Bank A an die Bank B durch Übergabe des Sparbuches, X zeigt die Verpfändung am 12. Juli an. Am 10. Juni 2008 verpfändet X das Sparguthaben zusätzlich an die Bank C, in diesem Fall ohne Übergabe des Sparbuches. Er erlaubt der Bank C die Anzeige der Verpfändung. C zeigt A die Verpfändung am 15. Juni 2008 an. In welcher Reihenfolge haben die Banken das Pfandrecht?

A: 1. A, 2. B, 3. C

B: 1. C, 2. B

C: 1. A., 2. C, 3. B

D: 1. C, 2. B, 3. A

14. Der verstorbene V hinterlässt ein erhebliches Wertpapier- und Immobilienvermögen und zusätzlich Kreditverbindlichkeiten bei der Bank K von 400.000 €. Erben sind zu gleichen Teilen die Kinder von V, A, B, C und D. Eine Erbauseinandersetzung ist noch nicht erfolgt. Da D als einziger über nennenswertes Vermögen verfügt, nimmt K den Erben D zur gesamten Rückzahlung des Kredites in Anspruch. D will aber lediglich 100.000 € als Anteil seines Erbes zahlen. In welcher Höhe muss D sofortig den Kredit rückzahlen?

A: 0 €

B: 100.000 €

C: 400.000 €

D: 200.000 €

15. Die 14jährige Mary kauft ein Handy für 100 € ohne Zustimmung ihrer Eltern. Ist das Geschäft wirksam, wenn ihr ihre Eltern das Geld für neue Schuhe gegeben haben?

A: Ja

B: Nein

16. Die Bank B schließt mit dem Kreditnehmer K einen Darlehensvertrag über 60.000 € ab, dessen einzige Besicherung darin besteht, dass K seine laufenden Gehaltsansprüche an B abtritt. Die Auszahlung des Darlehens soll am 1.9. erfolgen. Am 1.7. verliert K durch eine berechtigte fristlose Kündigung seinen Job. Kann die Bank den Darlehensvertrag lösen?

A: Ja

B: Nein

17. Ein Kredit der Solar-AG bei der Co-Bank wird durch eine stille Zession gesichert. Die Co-Bank hat das Recht, bei Zweifeln an der Zahlungsfähigkeit die stille in eine offene Zession umwandeln zu können. Welche der folgenden Antworten ist richtig?

A: Die stille Zession ist für den Kreditgeber sicherer als die offene Zession.

B: Bei der offenen Zession erfährt der Kunde der Solar-AG nichts von der Abtretung.

C: Bei der stillen Zession erfährt der Kunde der Solar-AG nichts von der Abtretung.

D: Die offene Zession wird von Banken nur ungern als Sicherheit akzeptiert.

18. Eine juristische Person des privaten Rechts ist nicht ...

A: ein eingetragener Verein

B: eine Körperschaft

C: eine öffentlich-rechtliche Anstalt

D: eine privatrechtliche Stiftung

19. Eine natürliche Person ist ...

A: nichts von allem

B: eingetragene Vereine

C: Körperschaften

D: rechtsfähige Stiftungen

20. Geschäftsunfähig ist ein Mensch, ...

A: der noch nicht das siebente Lebensjahr vollendet hat

B: der das siebente Lebensjahr vollendet hat, aber noch nicht das 18. Lebensjahr

C: der noch nicht das 18. Lebensjahr vollendet hat

D: dem die Geschäftsfähigkeit per Gericht aberkannt wird

21. In welchem Fall verliert der Gläubiger nicht den Anspruch auf die Leistung?

A: bei Anspruch auf Erfüllung und Anspruch auf Schadensersatz

B: bei Anspruch auf Schadensersatz

C: bei Anspruch auf Ersatz vergeblicher Aufwendungen

D: bei Rückgewährschuldverhältnis

22. Ist die Kontoeröffnung eines Minderjährigen 14-jährigen von der Zustimmung der Eltern abhängig?

A: Ja

B: Nein

23. Kreditinstitut K gewährt dem Verbraucher A ein grundpfandrechtlich gesichertes Darlehen zu üblichen Bedingungen. A gerät in Verzug, wonach K das Darlehen kündigt und einen Verzugsschaden von 5 Prozentpunkten über Basiszins verlangt. A verweigert die Zahlung mit dem Hinweis, K könne ohne konkreten Nachweis keinen Verzugsschaden verlangen. Kann K den Verzugsschaden ohne konkreten Nachweis verlangen?

A: Ja, in voller Höhe mit 5% über Basiszins

B: Ja, aber nur in Höhe des Basiszinses

C: Nein

D: Ja, aber nur mit 2,5% über Basiszins

24. Kreditinstitut K hat vor einigen Jahren an die ABC-OHG einen endfälligen Kredit von 100.000 € vergeben. Die Rückzahlung ist der OHG zurzeit nicht möglich. A ist vor drei Jahren aus der Gesellschaft ausgeschieden. Im Gesellschaftsvertrag ist vermerkt, dass ein ausscheidender Gesellschafter nicht mehr für Verbindlichkeiten der Gesellschaft haftet. K wendet sich an den ehemaligen Gesellschafter A und fordert diesen zur Rückzahlung auf. In welcher Höhe ist dies möglich?

A: 0 €

B: 50.000 €

C: 100.000 €

D: 25.000 €

25. Kreditinstitut K hat vor einigen Jahren an die AB-OHG einen endfälligen Kredit von 100.000 € vergeben. Die Rückzahlung ist der OHG zurzeit nicht möglich. Deshalb wendet sich K an den Gesellschafter A und fordert diesen zur Rückzahlung auf. In welcher Höhe ist dies möglich?

A: 0 €

B: 50.000 €

C: 100.000 €

D: 25.000 €

26. Kunde K hat bei dem Berater B der Bausparkasse D einen Bausparvertrag abgeschlossen. Um hohe Abschlussgebühren abrechnen zu können, hat B den Kunden K vorsätzlich getäuscht. Obwohl K dies feststellt, unternimmt er zunächst nichts. Nachdem er nach sechs Monaten in finanzielle Schwierigkeiten gerät, verlangt er von B die Rückabwicklung des Geschäfts mit der Begründung, B habe ihn vorsätzlich falsch beraten und getäuscht. Aufgrund des unlauteren Verhaltens sei der Vertrag unwirksam. B verweigert die Rückzahlung mit der Begründung, der Vertrag sei wirksam zustande gekommen und hätte wegen unlauteren unverzüglich gekündigt werden müssen. Steht K die Rückzahlung zu?

A: Ja, da er innerhalb der Frist die Rückabwicklung verlangt.

B: Generell ja.

C: Nein, generell in einem solchen Fall nicht.

D: Nein, da K die Frist zur Rückabwicklung verpasst hat.

27. Welche Aussage zum Grundbuch ist falsch?

A: In Abteilung I ist der Name des Eigentümers genannt.

B: In Abteilung II sind alle Belastungen des Grundstücks genannt.

C: In Abteilung III sind die Grundpfandrechte genannt.

D: In Abteilung IV sind Umweltverseuchungen genannt.

28. Rechtsfähig ist nicht ...

A: eine natürliche Person

B: ein eingetragener Verein

C: eine Personengesellschaft in der Rechtsform der OHG

D: eine Erbengemeinschaft

29. Welche der folgenden Aussagen ist falsch?

A: Das Wegerecht ist eine Grunddienstbarkeit.

B: Das Wohnungsrecht ist eine beschränkte persönliche Dienstbarkeit

C: Ein Dauerwohnrecht wird in das Grundbuch eingetragen.

D: Eine Vermietung ist auch ein Nießbrauch

30. Welche Rechtsfolgen hat der Verstoß gegen ein gesetzliches Verbot?

A: Das Geschäft ist generell nichtig.

B: Die Vertragspartner haben sich auf neue Regeln zu verständigen, die nicht gegen das gesetzliche Verbot verstoßen.

C: Das Geschäft ist nichtig, sofern das Gesetz nicht etwas anderes aussagt.

D: Das Geschäft findet statt, es muss aber eine Schadensersatzleistung für den Verstoß gezahlt werden.

31. Welchen der folgenden Punkte setzt die Stellvertretung nicht voraus?

A: Zulässigkeit der Vertretung

B: Rechtsgeschäftliches Handeln des Vertreters

C: Vertretungsmacht

D: Vollmacht

Handelsrecht

32. A erteilt B und C Gesamtprokura. Im Handelsregister wird versehentlich nur B eingetragen. B nimmt bei der Bank K einen Kredit für die Gesellschaft auf, wobei A der Bank K mitgeteilt hat, dass das Handelsregister falsch ist. Ist die Aufnahme des Kredites wirksam für die Gesellschaft?

A: Ja

B: Nein

33. A, B und C gründen eine Lebensmittel-OHG. A verkauft Gammelfleisch an D, der davon krank wird und von B Schadenersatz verlangt. Ist er dazu berechtigt?

A: Ja

B: Nein

34. A, B, C und D gründen eine KG mit A und B als Komplementären sowie C und D als Kommanditisten. C und D zahlen jeweils 15.000 € von 30.000 € (laut Gesellschaftsvertrag) als Kommanditkapital ein. Im Handelsregister eingetragen sind 10.000 € Kommanditkapital. Die KG wird zahlungsunfähig, woraufhin sich Kreditgeber K an A und B wendet. Beide sind ebenfalls zahlungsunfähig. K wendet sich an C und D und verlangt Zahlung. In welcher Höhe müssen C und D zusammen zahlen?

A: unbeschränkt

B: 0 €

C: 15.000 €

D: 30.000 €

35. A, B, C und D gründen eine KG mit A und B als Komplementären sowie C und D als Kommanditisten. C und D zahlen jeweils 15.000 € von 30.000 € als Kommanditkapital ein. Die KG wird zahlungsunfähig, woraufhin sich Kreditgeber K an A und B wendet. Beide sind ebenfalls zahlungsunfähig. K wendet sich an C und D und verlangt Zahlung. In welcher Höhe müssen C und D zusammen zahlen?

A: unbeschränkt

B: 0 €

C: 15.000 €

D: 30.000 €

36. Bei der OHG ist Geschäftsführer ...

A: immer jeder Gesellschafter

B: immer nur der Gesellschafter mit dem höchsten Anteil

C: immer nur ein frei gewählter Gesellschafter

D: derjenige, den der Gesellschaftsvertrag bestimmt; ansonsten jeder Gesellschafter

37. Bei einer KG haftet persönlich der ...

	Komplementär	Kommanditist
A	Ja	Ja
B	Ja	Nein
C	Nein	Ja
D	Nein	Nein

38. Bei einer KG haftet vor Registereintragung persönlich unbegrenzt der ...

	Komplementär	Kommanditist
A	Ja	Ja
B	Ja	Nein
C	Nein	Ja
D	Nein	Nein

39. Bei einer KG ist zur Geschäftsführung berechtigt

	Komplementär	Kommanditist
A	Ja	Ja
B	Ja	Nein
C	Nein	Ja
D	Nein	Nein

40. Haftet ein neu eintretender Gesellschafter in eine OHG auch für bestehende Verbindlichkeiten?

A: Ja

B: Nein

41. Im Handelsregister eingetragen werden Einzelkaufleute in

Abteilung A Abteilung B

	Abteilung A	Abteilung B
A	Ja	Ja
B	Ja	Nein
C	Nein	Ja
D	Nein	Nein

42. Im Handelsregister eingetragen werden KGaA in

Abteilung A Abteilung B

	Abteilung A	Abteilung B
A	Ja	Ja
B	Ja	Nein
C	Nein	Ja
D	Nein	Nein

43. Im Handelsregister eingetragen werden Versicherungsvereine in

Abteilung A Abteilung B

	Abteilung A	Abteilung B
A	Ja	Ja
B	Ja	Nein
C	Nein	Ja
D	Nein	Nein

44. Unternehmer A erteilt B Prokura mit der Erlaubnis, selbst anderen Prokura zu erteilen. B erteilt C Prokura. Ist dies wirksam?

A: Ja

B: Nein

45. Welche der folgenden Aussagen ist falsch?

A: Ein Istkaufmann ist, wer ein Gewerbe ausübt, ohne Kleinunternehmer zu sein.

B: Ein Kannkaufmann ist ein Kleingewerbetreibender bei freiwilliger Eintragung der Firma ins Handelsregister.

C: Ein Formkaufmann ist eine juristische Person kraft Rechtsform.

D: Ein Scheinkaufmann ist, wer fälschlicherweise ins Handelsregister eingetragen wurde.

Kreditsicherungsrecht

46. Kann eine Bürgschaft per Fax an den Gläubiger zugestellt werden?

A: Ja

B: Nein

47. S hat P eine Buchgrundschuld an seinem Grundstück bestellt. Einen Tag später stellt sich heraus, dass S seit einigen Wochen unerkannt geisteskrank ist. Besteht die Grundschuld?

A: Ja

B: Nein

48. Welche der folgenden Aussagen ist falsch?

A: Eine Kreditbürgschaft sichert ein laufendes Darlehen.

B: Eine Höchstbetragsbürgschaft hat eine betragsmäßige Begrenzung.

C: Bei der Bankbürgschaft übernimmt die Bank eine Bürgschaft gegenüber Dritten.

D: Bei der Nachbürgschaft steht ein Erstbürge für die Verpflichtung eines Nachbürgen ein.

49. Welche der folgenden Kreditsicherheiten ist keine Personalsicherheit?

A: Bürgschaft

B: Eigentumsvorbehalt

C: Garantie

D: Schuldbeitritt

50. Welche der folgenden Kreditsicherheiten ist keine Realsicherheit?

A: Sicherungsübereignung

B: Garantie

C: Hypothek

D: Grundschuld

51. Wann kommt ein Vertrag zustande?

52. Was ist ein Sachmangel?

53. Was ist ein Grundschuld?

54. Was ist eine Hypothek?

Gründung / Planung / Organisation

Gründung

1. Bei der Übernahme eines vorhandenen Unternehmens ist der Unternehmenswert zu bestimmen. Welche der folgenden Aussagen ist richtig?

A: Der Substanzwert bewertet die einzelnen Vermögenswerte und Schulden des Unternehmens und bildet aus diesen den Unternehmenswert.

B: Der Wert des Kundenstamms spielt bei der Unternehmensbewertung generell keine Rolle.

C: Der Substanzwert ist dem Ertragswert immer vorzuziehen.

D: Beim Ertragswertverfahren wird von dem aus den Gewinnen ermittelten Wert der Substanzwert des Unternehmens abgezogen.

2. Bei der Wahl zwischen Kauf und Pacht eines Unternehmens ist ... Markieren Sie die falsche Antwort!

A: die Pacht vorzuziehen, wenn der Kaufpreis nicht finanzierbar ist

B: die Pacht vorzuziehen, da ein Kauf nicht mehr korrigierbar ist

C: der Kauf vorzuziehen, da er eine eindeutige Planung ermöglicht

D: die Pacht vorzuziehen, da der Pächter jede wesentliche Änderung an dem Unternehmen allein entscheiden kann

3. Was ist kein Vorteil bei der Übernahme eines vorhandenen Unternehmens?

A: Das Unternehmen ist am Markt eingeführt

B: Es gibt gewachsene Beziehungen zu Kunden und Lieferanten

C: Die Mitarbeiter sind auf den Senior-Inhaber eingestellt

D: Die Betriebsräume sind vorhanden

4. Welche Aussage zu den Vor- und Nachteilen einer selbstständigen Tätigkeit ist falsch?

A: Ein Vorteil der selbstständigen Tätigkeit ist die Selbstbestimmung.

B: Das Einkommen bestimmt der Selbstständige selbst durch seinen Erfolg.

C: Ein Vorteil ist der geringere Stress gegenüber dem Angestelltendasein.

D: Ein Nachteil ist die geringere Bonität bei Start als Selbstständiger.

Planung

5. Bei einem Liniencontrolling ...

A: ist das Controlling dem Top-Management als Stab mit funktionaler Weisungsbefugnis unterstellt

B: werden alle Aufgaben des Controllings zentral ausgeführt

C: werden alle Aufgaben des Controllings dezentral ausgeführt

D: alle anderen Antworten sind falsch

6. Die BCG-Matrix unterscheidet verschiedene Zustände von Geschäftseinheiten. Welche der folgenden Aussagen zur Strategie ist falsch?

A: Milchkühe sollten ausgebaut werden

B: Erfolgsversprechende Fragezeichen sollen ausgebaut werden

C: Arme Hunde sollten eliminiert werden

D: Erfolgsversprechende Stars sollen ausgebaut werden

7. Die Lager-AG hat im vergangenen Jahr einen Umsatz von 30 Mio. € erzielt. Dabei wurden 20.000 Stück verkauft. Der Wareneinstandspreis beträgt 800 €. Wie hoch ist der Rohgewinn?

A: 30.000.000 €

B: 16.000.000 €

C: 14.000.000 €

D: 0 €

8. Die Lager-AG hat im vergangenen Jahr einen Umsatz von 30 Mio. € erzielt. Dabei wurden 20.000 Stück verkauft. Der Wareneinstandspreis beträgt 800 €. Wie hoch ist die Handelsspanne?

A: 100%

B: 46,7%

C: 53,3%

D: 0%

9. Die operative Planung bezieht sich

A: auf das gesamte Unternehmen

B: nur auf Unternehmensteilbereiche

C: auf beides

D: weder noch

10. Eine nachgelagerte Planung ist Aufgabe ...

A: der strategischen Planung

B: der operativen Planung

C: von beiden

D: von keinem von beiden

11. Eine übergeordnete Planung ist Aufgabe ...

A: der strategischen Planung

B: der operativen Planung

C: von beiden

D: von keinem von beiden

12. Ertrag und Liquidität sind Zielgrößen ...

A: der operativen Planung

B: der strategischen Planung

C: von beidem

D: von keinem von beiden

13. Für die operative Planung verantwortlich ist ...

A: das Top-Management

B: das Middle-Managament

C: beide

D: keiner von beiden

14. Für die strategische Planung verantwortlich ist ...

A: das Top-Management

B: das Middle-Managament

C: beide

D: keiner von beiden

15. Strategische Geschäftseinheiten sollen nicht ...

A: von anderen strategischen Geschäftseinheiten unabhängig sein

B: eindeutig identifizierbare Konkurrenten haben

C: über ausreichende Kompetenz verfügen

D: in sich heterogen und zu den anderen strategischen Geschäftseinheiten homogen sein

16. Strategische und operative Planung lassen sich nicht über welches der folgenden Kriterien trennen?

A: Abstraktionsniveau

B: Vollständigkeit der Planung

C: Unternehmensgröße

D: Fristigkeit

17. Was ist keine Kennzahl der Absatzes?

A: Umsatz pro Mitarbeiter

B: Umsatz pro Verkaufsfläche

C: Umsatz pro Kasse

D: Handelsspanne

18. Was ist keine Kennzahl der Beschaffung?

A: Menge der verkauften Ware

B: Umsatzerlöse

C: Umschlagshäufigkeit

D: Rohgewinn

19. Was ist keine Kennzahl der Lagerhaltung?

A: Umschlagshäufigkeit

B: Handelsspanne

C: durchschnittliche Lagerdauer

D: Lagerkostenanteil

20. Zu den externen Marktfaktoren als Einflussgrößen auf die Planung zählt nicht:

A: Kultur

B: Absatzmarkt

C: Kapitalmarkt

D: Beschaffungsmarkt

21. Zu den generellen Umweltfaktoren als externer Einflussfaktor für die Planung zählt nicht:

A: Technologieentwicklung

B: Arbeitsmarkt

C: Sozialpsychologie

D: Recht

22. Unterscheiden Sie 3 verschiedene Sichtweisen der Organisation.

23. Warum ist ein Unternehmen auch eine Organisation?

24. Welche Prinzipien der Organisation sind Ihnen bekannt und welches Element kann als Instrument der Organisation gelten?

25. Wodurch unterscheiden sich die formale und die informale Organisation?

26. Von welchen Faktoren hängt der Organisationsgrad ab?

27. Welche Faktoren beinhalten die Planung der Ablauforganisation? Erklären Sie die Faktoren.

28. Nennen Sie verschiedene Zielsetzungen der Ablauforganisation.

29. Welche Anforderungen werden an ein effektives Zeiterfassungssystem gerichtet?

30. Was ist ein Organigramm und welche Einteilung erfolgt vertikal bzw. horizontal?

31. Welche Inhalte werden in einer Stellenbeschreibung festgehalten?

32. Was ist eine Organisationseinheit, eine Stelle und ein Arbeitsplatz?

33. Welche Voraussetzungen seitens der Ziele müssen vorliegen, damit Management by Objectives erfolgreich eingesetzt werden kann?

34. Welche Nachteile lassen sich aus dem Führungskonzept Management by Objectives erkennen?

35. Welche Arten der Motivation gibt es? Nennen Sie je eine Ausprägung.

36. Erklären Sie das Einlinien- und Mehrliniensystem.

37. Aus welcher Grundüberlegung entstand die Matrixorganisation?

38. Zählen Sie verschiedene Vor- und Nachteile der Matrixorganisation auf.

39. Was sind strategische Geschäftseinheiten?

40. Welche verschiedenen Führungsstile sind Ihnen bekannt?

41. Definieren Sie die Aufgabe der Personalbeurteilung.

42. Wie definiert sich die Unternehmenspolitik?

43. Welche Ziele hat das Wissensmanagement im Unternehmen?

44. Welche Faktoren bezeichnet man allgemeingültig als Führung?

45. Wie unterscheiden sich Unternehmens- und Mitarbeiterbedürfnisse in der Personalwirtschaft?

46. Welche generellen Aufgaben hat die Personalwirtschaft in einem Unternehmen?

47. Welche Einteilung des Personals erfolgt aus arbeitsrechtlicher Sicht? Welche Tätigkeiten werden in der jeweiligen Ebene vorrangig ausgeübt?

48. Benennen Sie Haupt- und Nebenziele einer Personalwirtschaft.

49. Was bezeichnet man als Personalpolitik? Welche Bereiche bezüglich der Personalpolitik sprechen für eine ausgerichtete Unternehmenskultur?

50. Welche arbeitsrechtlichen Bestimmungen finden sich im BGB, im HGB, in Tarifverträgen und in Betriebsvereinbarungen?

51. Welchen Unterschied gibt es zwischen Arbeitsverhältnis und Arbeitsvertrag?

52. In welchem Bereich ist die Beteiligung des Betriebsrates besonders ausgeprägt? Zählen Sie 5 Elemente hieraus auf.

53. Wie heißen die 3 Instanzen der Arbeitsgerichtsbarkeit?

54. Was ist der Ausgangspunkt für die Planung des Personalbedarfs? Wie kann die Personalbedarfsplanung unterteilt werden?

55. Welche unternehmensexternen Faktoren beeinflussen die Personalbedarfsplanung und welche Auswirkungen könnte dies haben?

56. Was versteht man unter dem Bruttopersonalbedarf und wie setzt sich dieser zusammen?

57. Wie definiert sich der Ersatzbedarf und wie wird dieser berechnet?

58. Welche Faktoren berücksichtigt eine mittelfristige Personalbedarfsplanung?

59. Welche Methoden zur Personalbedarfsplanung sind Ihnen bekannt?

60. Welche organisatorischen Verfahren zur Ermittlung des Personalbedarfs sind Ihnen bekannt?

61. Welche Statistiken kommen in der Personalbedarfsplanung zur Anwendung?

62. Zeigen Sie Wege interner Personalbeschaffung mit Beispielen auf.

63. Welche Maßnahmen zur Personalbeschaffung außerhalb des Unternehmens sind Ihnen bekannt? Nennen Sie Beispiele.

64. Welche Regelungen sollten in einem Arbeitsvertrag unbedingt enthalten sein?

65. Womit beschäftigt sich die Personaleinsatzplanung? Wie unterscheiden sich unternehmensbezogene von den mitarbeiterbezogenen Zielen?

66. Definieren Sie Stelle und Stellenplan.

67. Welche Regelungen beinhaltet das Mutterschutzgesetz?

68. Welches Ziel verfolgt die Personalentwicklung?

69. Welche Aufgaben werden für die Personalentwicklung festgestellt?

70. Welche Bereiche der Personalentwicklung werden unterschieden? Orientieren Sie sich an der individuellen und an der kollektiven Bildung.

71. Was bedeutet die Organisationsentwicklung für das Personalwesen?

72. Welche Systematisierung ist geeignet für die unterschiedlichen Methoden

der Personalentwicklung?

73. Nennen Sie das Hauptziel der Personalfreisetzung.

74. Nennen Sie Beispiele für unternehmensinterne und unternehmensexterne Ursachen der Personalfreisetzung.

75. Welche personalpolitischen Maßnahmen zur Vermeidung der Personalfreisetzung sind Ihnen bekannt?

76. Welche Bedingungen gelten als anerkannt, wenn eine personenbedingte Kündigung ausgesprochen wird?

Aufgaben zur Finanzierung

Aufgabe 1

Strukturieren Sie die Finanzierungsarten nach verschiedenen Gesichtspunkten!

Aufgabe 2: Bestimmen Sie die geeignete Investition nach der Kostenvergleichsrechnung!

Planungszeitraum = 4 Jahre

Maximaler Absatz = 100.000 Stück

Nettopreis je Stück = 10 €

Kalkulatorische Zinsen = 10%

Investition	A	B
Anschaffungspreis	600.000 €	600.000 €
Erwartete Nutzungsdauer	4 Jahre	4 Jahre
Produktionsmenge je Jahr	60.000 Stück	60.000 Stück
Beschäftigungsvariable Kosten je Stück	4 €	3 €
Beschäftigungsfixe Kosten (ohne Abschreibung und Zinsen) je Jahr	70.000 €	120.000 €

Aufgabe 3: Bestimmen Sie die geeignete Investition nach der Kostenvergleichsrechnung!

Planungszeitraum = 5 Jahre

Maximaler Absatz = 100.000 Stück

Nettopreis je Stück= 10 €

Kalkulatorische Zinsen = 10%

Investition	A	B
Anschaffungspreis	600.000 €	600.000 €
Erwartete Nutzungsdauer	4 Jahre	5 Jahre

Produktionsmenge je Jahr	60.000 Stück	60.000 Stück
Beschäftigungsvariable Kosten je Stück	4 €	3 €
Beschäftigungsfixe Kosten (ohne Abschreibung und Zinsen) je Jahr	70.000 €	120.000 €

Aufgabe 4: Bestimmen Sie die geeignete Investition nach der Gewinnvergleichsrechnung!

Planungszeitraum = 4 Jahre

Maximaler Absatz = 100.000 Stück

Nettopreis je Stück= 10 €

Kalkulatorische Zinsen = 10%

Investition	A	B
Anschaffungspreis	600.000 €	600.000 €
Erwartete Nutzungsdauer	4 Jahre	4 Jahre
Produktionsmenge je Jahr	60.000 Stück	80.000 Stück
Beschäftigungsvariable Kosten je Stück	4 €	5 €
Beschäftigungsfixe Kosten (ohne Abschreibung und Zinsen) je Jahr	70.000 €	120.000 €

Aufgabe 5: Bestimmen Sie die geeignete Investition nach der Gewinnvergleichsrechnung!

Planungszeitraum = 5 Jahre

Maximaler Absatz = 100.000 Stück

Nettopreis je Stück = 10 €

Kalkulatorische Zinsen = 10%

Investition	A	B
Anschaffungspreis	500.000 €	600.000 €
Erwartete Nutzungsdauer	5 Jahre	4 Jahre
	60.000	80.000

Produktionsmenge je Jahr	Stück	Stück
Beschäftigungsvariable Kosten je Stück	6 €	5 €
Beschäftigungsfixe Kosten (ohne Abschreibung und Zinsen) je Jahr	70.000 €	170.000 €

Aufgabe 6: Bestimmen Sie die geeignete Investition nach der Rentabilitätsvergleichsrechnung!

Planungszeitraum = 4 Jahre

Maximaler Absatz = 100.000 Stück

Nettopreis je Stück= 10 €

Kalkulatorische Zinsen = 10%

Investition	A	B
Anschaffungspreis	600.000 €	600.000 €
Erwartete Nutzungsdauer	4 Jahre	4 Jahre
Produktionsmenge je Jahr	60.000 Stück	80.000 Stück
Beschäftigungsvariable Kosten je Stück	4 €	5 €
Beschäftigungsfixe Kosten (ohne Abschreibung und Zinsen) je Jahr	70.000 €	120.000 €

Aufgabe 7: Bestimmen Sie die geeignete Investition nach der Gewinn- und der Rentabilitätsvergleichsrechnung!

Planungszeitraum = 5 Jahre

Maximaler Absatz = 100.000 Stück

Nettopreis je Stück = 10 €

Kalkulatorische Zinsen = 10%

Investition	A	B
Anschaffungspreis	500.000 €	600.000 €
Erwartete Nutzungsdauer	5 Jahre	5 Jahre
Produktionsmenge je Jahr	60.000 Stück	80.000 Stück

Beschäftigungsvariable Kosten je Stück	6 €	5 €
Beschäftigungsfixe Kosten (ohne Abschreibung und Zinsen) je Jahr	70.000 €	200.000 €

Aufgabe 8: Bestimmen Sie die geeignete Investition nach der statischen Amortisationsdauer!

Jahr	A	B
0	-1.000.000	-1.000.000
1	50.000	150.000
2	100.000	150.000
3	150.000	150.000
4	200.000	150.000
5	250.000	150.000
6	300.000	150.000
7	350.000	150.000
8	400.000	150.000

Aufgabe 9

Wie lang ist die Amortisationsdauer einer Investition, wenn die Anschaffungsauszahlung 60.000 € beträgt und über eine Nutzungsdauer von sechs Jahren mit jährlichen Rückflüssen in Höhe von 30.000 € gerechnet wird? Wie lang ist die Amortisationszeit, wenn die gleichen Rückflüsse nur drei Jahre lang erzielt werden?

Aufgabe 10

Ein Betrieb plant den Kauf einer Maschine zum Preis von 20.000 €. Die Lebensdauer der Maschine wird auf n = 4 Jahre geschätzt. In jedem Jahr werden Einzahlungen von 15.000 € erwartet. Die jährlichen Betriebs- und Instandhaltungsauszahlungen werden mit 10.000 € veranschlagt. Nach Ablauf von vier Jahren kann ein Restwert von 8.000 € realisiert werden. Lohnt sich diese Investition bei einem Zinssatz von i = 6%?

Lösungen zu Handlungsfeld: Grundlagen des Rechnungswesens und Controllings

1. B

Als Ist-Kosten bezeichnet man die tatsächlich entstandenen Kosten. Zur Aufdeckung von Unwirtschaftlichkeiten werden diese mit den Plan-/Sollkosten verglichen, daher eignet sich die Istkalkulation zur Nachkalkulation. Plan-/Sollkosten sind die Kosten, die bei wirtschaftlichem Verhalten entstehen müssten.

2. A

Nachteile der Istkostenrechnung sind die Vergangenheitsorientierung und Zufallsschwankungen. Diese sollen mit Hilfe der Normalkostenrechnung gemildert werden, indem aus mehreren vergangenen Perioden Durchschnittswerte berechnet werden.

Werden Veränderungen in der Kostenstruktur erwartet, so können diese in die Berechnung einfließen, und damit das Ergebnis aussagefähiger machen.

3. D

	1	2	3
a)	fixe	Differenzen-Quotientenverfahren	19 (18.620 € / 980 h)
b)	einstufige Deckungsbeitragsrechnung	mehrstufige Deckungsbeitragsrechnung	genauso hoch wie

4. A

	1	2	3
C	Break-even-Menge €; 2 € * 25.000	40.000 €(2 € * 20.000 Stk.)	10.000 (DB = 2 Stk. - 40.000 € = 10.000 €)
D	Vollkostenrechnung Preisuntergrenze	Relativen Deckungsbeitrag	Kurzfristige
E	Direkt	Zuschlagssätzen	

5. A

	in €
Lieferantenpreis	572,00
Lieferantenrabatt 20%	- 144,40
Zieleinkaufspreis	= 457,6
Lieferantenskonto 2%	-9,15
Bareinkaufspreis	448,45
Eingangsfracht	+ 80,00
Einstandspreis	= 528,45
Handlungskosten 60%	317,07
Selbstkostenpreis	= 845,52
Gewinn	59,75
Barverkaufspreis	905,27
Kundenskonto 3%	28
Zielverkaufspreis	= 933,27
Kundenrabatt 15%	164,69
Listenverkaufspreis	1097,96

Gewinnzuschlag = Barverkaufspreis/Selbskostenpreis

Gewinnzuschlag: 905,27/845,52 = 1,0706 = 7,06%

6. B

1000 * 9 € + 600 * 12€ + 500 * 8€ - 25.000€ = - 4.800€

7. A

Der Anstieg des Gesamtdeckungsbeitrages ist bei einer Preissenkung bei Favourite am höchsten:

DB gesamt/alt = 600 Stück * 12 €/Stück = 7.200 €

DBgesamt/neu nach Werbung = 750 Stück * 12 €/Stück - 3.000 € = 6.000 €

DBgesamt/neu nach Preissenk. = 750 Stück * 10,50 €/Stück = 7.857 €

DBgesamt/neu - DBgesamt/alt = 7.875 € - 7.200 € = 675 €.

Das Unternehmen sollte sich deshalb für eine Preissenkung beim Produkt Favourite entscheiden, da dadurch die größte Gewinnsteigerung erreicht werden kann. Wie immer, handelt es sich hierbei um eine isolierte Entscheidung ohne Wechselwirkungen mit anderen Einflüssen zu beachten (z.B. Kapazitätsbelegung durch die höheren Absatzmengen u.a.).

Tabellarische Berechnung:

	Classic	Favourite	Exclusive
Absatz bisher (Stk.)	1.000	600	500
DB/Stück (€)	9,00	12,00	8,00
DB gesamt	9.000	7.200	4.000
Steigerung Absatzes um 25% (Stk.)	1250	750	625
DB ges. neu – 3000€ Werbung (€)	8.250	6.000	2.000
	(1250 * 9 € - 3000 €)		
DB/Stk. (€) nach Preissenkung.	7,50	10,50	6,50
DB ges. (€) neu nach Preissenkung	9375	7.875	4.062,50

8. C

	%-Sätze	Betrag in €
Listeneinkaufspreis		4.900
- Rabatt	15%	735
= Zieleinkaufspreis		4165
- Liefererskonto	2%	83,3
= Bareinkaufspreis		4081,7
+ Bezugskosten		120
+ Fracht		905,5
= Einstandspreis		5107,2
+ Handlungskosten	25%	1276,8
= Selbstkostenpreis		6384
+ Gewinn		798
= Barverkaufspreis		7182
+ Kundenskonto	2%	159,6
+ Vertreterprovision	8%	638,4
= Zielverkaufspreis		7.980
+ Kundenrabatt	5%	420
= Listenverkaufspreis		8.400

Handelsspanne = Verkaufspreis – Einstandspreis

7182 € - 5107,2 € = 2074,8 €

Kalkulationszuschlag = Verkaufspreis/Einstandspreis

7182 €/ 5107,2 € = 1,40625 -> Kalkulationszuschlag: 40,625%

Kalkulationsfaktor: 1,41

9. C

Sachverhalt	Auszahlung €	Ausgabe €	Aufwand €	Kosten €
1)	14.200	0	0	0
2)	17.500	17.500	17.500	17.500
3)	0	0	1.280	1.400

10. B

Sachverhalt	Auszahlung €	Ausgabe €	Aufwand €	Kosten €
1)	5.000	8.500	0	0
2)	30.000	61.200	850	850
3)	0	0	0	2.400

11. B

A	1.	2.	3.
Begriff:	Mischkosten/semivariable Kosten	unechte Gemein-kosten	Zusatzkosten

12. C

Bei diesen Kosten handelt es sich um pagatorische Kosten, somit keine kalkulatorischen Kosten.

13. D

A/B: Zusatzkosten und Zweckaufwand sind immer betrieblich bedingt. Eine Spende dagegen ist nicht betrieblich bedingt.

C: Kennzeichen des außerordentlichen Aufwands/Kosten sind, dass diese unregelmäßig anfallen oder ungewöhnlich hoch sind.

14. D

Zur Bearbeitung der Aufgabe empfiehlt es sich die Bearbeitung in Einzelabschnitte wie folgt zu unterteilen:

1) Zugang von Holz und damit Ausgabe von 400 €.

2) Bezahlung führt zur Auszahlung von jeweils 200 € im Mai und Juli.

3) Betriebsbedingter Verbrauch des Holzes führt zu Aufwand und Kosten von 400 € im Juli.

4) Zugang von Arbeitsleistung und sonstigen Stoffen führt zu Ausgabe von 250 € bei gleichzeitiger Auszahlung, da alles im selben Monat bezahlt wird. Der betriebsbedingte Verbrauch zieht Aufwand und Kosten von 250 € ebenfalls im Juli nach sich.

5) Verkauf und Lieferung des Tisches 1 führt zu Ertrag, Leistung und Einnahme von 500 € im Juli. Tisch 2 wird im Juli ins Lager eingestellt und darf somit nur zu Herstellungskosten (325 €) bewertet werden. [Leistung und Ertrag zusätzlich 325 € je Tisch = (400 € + 250 €) : 2 Tische]. Wenn Tisch 2 im August vom Lager genommen und verkauft wird, ist dies Aufwand und Kosten im August (325 €). Gleichzeitig entstehen Einnahmen, Ertrag und Leistung von 500 €.

6) Bezahlung der Tische führt zu Einzahlungen von jeweils 500 € im August und September.

15. D

A: Der kalkulatorische Unternehmerlohn gehört zu den Zusatzkosten und nicht zu den Grundkosten da diesen kein Aufwand gegenübersteht.

B: Der Bilanzgewinn ist eine Größe aus dem Jahresabschluss; das Betriebsergebnis aus der Kostenrechnung.

C: Unter das allgemeine Unternehmerwagnis fallen Verluste, die das UN als ganzes treffen. (Bsp. Stillstand des Betriebes, technischer Fortschritt, etc...)

Dieses Wagnis fällt nicht unter die kalkulatorischen Wagniskosten. Dagegen stehen spezielle Einzelwagnisse direkt in Zusammenhang mit der Erzeugung und dem Vertrieb, soweit kein Versicherungsschutz besteht. Diese stellen kalkulatorische Wagniskosten dar.

16. A

B: Als Ertrag bezeichnet man das Ergebnis der Leistungserstellung. Die Ware wurde bereits in 2007 oder vorher hergestellt, somit wurde in 2008 kein Ertrag realisiert.

C: Eine Ausgabe hat stattgefunden, da es sich um einen Warenzugang handelt. Jedoch wird ein Aufwand erst bei Verbrauch der Güter erfasst.

D: Eine Bestellung verursacht weder ein Ausgabe noch eine Auszahlung noch einen Aufwand.

17. A

B: Der Bilanzgewinn ist eine Größe aus dem Jahresabschluss; das Betriebsergebnis aus der Kostenrechnung.

C: Anderskosten werden in der Kostenrechnung mit einer anderen Höhe angesetz als im Jahresabschluss. Bsp: im Jahresabschluss werden Zinsen nur in Höhe der tatsächlich gezahlten Zinsen angesetzt,

in der Kostenrechnung dagegen wird das gesamte eingesetzte betriebsbedingte Vermögen verzinst - kalkulatorische Zinsen.

D: Als Grundkosten bezeichnet man die Kosten, die als Zweckaufwand auch im Jahresabschluss erfasst wurden.

18. A

B: Ein Ertrag kann als Wertentstehung definiert werden. Diese ist in 2007 entstanden und nicht erst bei der Bezahlung durch den Kunden.

C: Ein Aufwand kann als Wertvernichtung definiert werden.

D: Eine Bestellung löst weder eine Auszahlung noch eine Ausgabe oder einen Aufwand aus.

19. B

A: Bei Bestellung entstehen weder Ausgabe, Aufwand noch Kosten.

C: Eine Ausgabe entsteht bei Lieferung im Januar, die Auszahlung entsteht bei Bezahlung im Februar.

D: Da die Halle Eigentum des UN ist entstehen keine pagatorischen Kosten, sondern nur kalkulatorische Kosten. Diese werden als Zusatzkosten erfasst und nicht als Grundkosten.

20. C

A/D: Je nachdem in welche Richtung das Betriebsergebnis durch kalkulatorische Anderskosten/Zusatzkosten belastet wird weicht das Betriebsergebnis vom Bilanzgewinn ab.

B: Als Umsatz bezeichnet man die wertmäßige Erfassung des Absatzes; als Ertrag bezeichnet man die wirtschaftliche Leistungserstellung (auch die Produktion auf Lager)

21. C

Unter dem Verursachungsprinzip versteht man, dass einem Kostenträger (Produkt) nur diejenigen Produktionsfaktoren zugerechnet werden können, die bei der Produktion verbraucht wurden.

22. C

Gewährleistung und Kulanz sind umsatzabhängig, Reparaturen dagegen sind nicht umsatzabhängig.

Gewährleistung und Kulanz: 9.200 €/Jahr sind 2% von (1.380.000 € : 3 Jahre), d. h. von 460.000 €/Jahr

Folgejahr: 2% von 512.400 € = 10.248 € für Gewährleistung und Kulanz.

Reparaturen: einfacher Jahresdurchschnitt: 51.450 € : 6 Jahre = 8.575 €/Jahr

Die Wagniskosten betragen damit insgesamt 18.823 €.

23. B

1. Berechnung des Forderungsbestandes

30% von 25 Mio.= 7,5 Mio.

2. Berechnung der Forderungsausfälle im Verhältnis zu den gesamten Forderungen in %

Wagniszuschlag: 75.000/7.500.000*100=1%

3. Berechnung der Wagniskosten bei Zielverkäufen in Höhe von 3 Mio. €

1% von 3 Mio. = 30.000 € Wagniskosten.

24. A

Anschaffungspreis-Restwert=abzuschreibender Betrag: 159.100 € -10.000 € = 149.100 €

6+5+4+3+2+1=21

149100€/21*6=42.600 €

25. C

1) Abschreibung: leistungsabhängig

Abschreibungen: Basis sind AK = € 320.000 (WBP nicht bekannt)

1. Halbjahr: AK/Gesamtleistung = 320.000/320.000 = 1,00 €/km

=> Abschreibung: 1,00 €/km * 12.500 km = 12.500,00 €

Restbuchwert Ende 1. HJ : 320.000 € - 12.500 € = 307.500 e

2. Halbjahr: 1 €/km * 7.500 km= 7.500 €

Restbuchwert Ende 2. HJ : 307.500 € - 7500 € = 300.000 €

Kalkulatorische Zinsen:

1. Halbjahr: Durchschnittswertverzinsung

AK/2=320.000/2=160.000 € * 10% = 16.000 € für das gesamte Jahr also dividiert durch 2 für das Halbjahr = 8.000 €

2. Halbjahr: durchschnittliche Restwertverzinsung

(Anfangsbuchwert+Endbuchwert)/2= (307.500+300.000)/2= 303.750 € * 10% = 30.375 /2 = 15.187,50 €

26. C

Anschaffungskosten: Anschaffungswert+Transportkosten+Montage+Lizenzgebühr

Gesamtleistung der Maschine (pro Jahr um 1.250 abnehmend): 1.Jahr 10.000 Stück; 2.Jahr 8.750 Stück;.....9.Jahr 0 Stück=45.000 Stück

Abschreibung je Stück: 1.520.000€/45.000 Stück = 33,78 (gerundet)

27. D

Differenzen:

46.334 € – 42.734 € = 3.600 €

60.000 km - 30.000 km = 30.000 km

kv= 3.600 €/30.000 km = 0,12 €/km

Variablen Abschreibung bei Fahrleistung von 42.000 km : 0,12 €/km * 42.000 km = 5.040 €.

28. C

variable Abschreibung je km

(46.334 € – 42.734 €) = 3.600 €

kv= 3.600 €/30.000 km = 0,12 €/km

Berechnung fixen Abschreibung bei einer Fahrleistung von 60.000 km:

52.434 € - 42.734 € - (0,12 * 60.000 km) = 2.500 €

Kalkulatorischer Restwert bei Fahrleistung von 42.000 km

52.434 € - 2.500 € - (0,12 € 42.000 km) = 4.894 €

29. A

Listenpreis	120.190,00 €
ohne USt	101.000,00 €
- Nachlass 8%	- 8.080,00 €
+ Nebenkosten netto	2.080,00 €
Anschaffungskosten	95.000 €
Wiederbeschaffungswert	95.000 € * 1,296 /1,080 = 114.000 €

Kalkulatorische Abschreibung: 114.000 € / 10 Jahre = 11.400 €/Jahr.

30. B

31. B

Kürzere Nutzungsdauer beachten! Nicht mehr 10 Jahre Nutzungsdauer sondern nur noch 8 Jahre!

Abschreibungsbasis bleiben weiterhin der Anschaffungspreis - Es wird nicht der noch verbleibende Betrag über zwei Jahre abgeschrieben, da sonst gegen das Kriterium der Periodenzuordnung verstoßen würde.

Für 07: 126.000€/8 Jahre = 15.750 €

32. C

Die Dauer der kalkulatorischen Abschreibung soll nicht nach rechtlichen Vorschriften ermittelt werden (AFA-Tabellen), sondern nach der betriebsindividuellen Nutzungsdauer festgelegt werden.

Als Basis der kalkulatorische Abschreibung wird der Wiederbeschaffungspreis gewählt, da hier das Prinzip der Substanzerhaltung im Vordergrund steht.

33. C

A: Abschreibungsbasis der kalkulatorischen Abschreibung bildet der Wiederbeschaffungspreis, sofern dieser ermittelt werden kann.

B: Kalkulatorische Abschreibungen sollen die verbrauchsbedingte Abschreibung darstellen, daher wird die betriebsbedingte Nutzungsdauer angesetzt.

34. C

35. D

Beschäftigung (Stück)	variable Kosten (€/1.000 Stk.)	Gesamtkosten (€/1.000 Stk.)	Stückkosten (€ je 1.000 Stück)
1.400.000	67.200 (1.400 * 48 €) 168.000 (67.200 + 57.600 + 43.200)	120 (168.000 €/1.400)	
1.680.000	80.640	181.440	108

36. B

Beschäftigung (Stück)	variable Kosten (€/1.000 Stk.)	Gesamtkosten (€/1.000 Stk.)	Stückkosten (€ je 1.000 Stück)
160.000	7.680	65.280	408
320.000	15.360	72.960	228
480.000	23.040	80.640	168
640.000	30.720	88.320	138
800.000	38.400	96.000	120
960.000	46.080	103.680	108

37. C

Kostenarten	fix	variabel
Hilfslöhne	X	
leistungsabhängige Abschreibung auf die Abfüllanlage Gebäudekosten		X
Versicherungen	X	
Gehalt des Braumeisters	X	
Flaschenetiketten		X

38. D

Beschäftigung (Stück)	variable Kosten (€/1000 Stk.)	Gesamtkosten (€/1000 Stk.)	Stückkosten (€ /1.000 Stück)
960.000	46.080	146.880	153

39. A

Auflage = 600:

3.400 = Kf + (150 * 600)kv

<=> Kf $\quad$ = 3.400 - 90.000kv

4.300 = Kf + (200 * 600)kv

<=> Kf $\quad$ = 4.300 - 120.000kv

Gleichsetzen: --> kv = 0,03 €

kv in 1. Gleichung (Auflage = 600) einsetzen: --> Kf = 700

Auflage = 200: 1.700 = Kf + (200 * 200) * 0,03 € <=> Kf = 500

Auflage = 400: 2.400 = Kf + (400 * 150) * 0,03 € <=> Kf = 600

Ergebnistabelle:

Seiten/Skript	200	150	150	200
Auflagenhöhe	200	400	600	600
Gesamtkosten	1.700	2.400	3.400	4.300
fixe Kosten/Auflage	500	600	700	700
Gesamte variable Kosten	1.200	1.800	2.700	3.600.
variable Kosten/Seite	0,03	0,03	0,03	0,03

Die variablen Kosten pro Seite betragen 3 Cent und die auflagenfixen Kosten betragen 500 €.

40. B

Fixkosten+Menge*variable Kosten pro Stück=Gesamtkosten

1) Fixkosten+200*variable Kosten pro Stück=10.950 €

2) Fixkosten+270*variable Kosten pro Stück=12.000 €

nach Fixkosten auflösen und Gleichungssystem lösen.

variable Kosten pro Stück: 15 € pro Stück

Fixkosten: 7.950 €

41. B

8.000/400=20€ pro Stück variable Kosten

Fixkosten=13.000 € - 250*20€ = 8.000 €

42. A

Kopienzahl	5.000	10.000	20.000	30.000	40.000	50.000
Fixe Gesamt-kosten	1.200	1.200	1.200	1.200	2.400	2.400
Variable Ge-samtkosten	500	1.000	2.000	3.000	4.000	5.000
Fixe Stück-kosten	0,24	0,12	0,06	0,04	0,06	0,048
Variable Stückkosten	0,10	0,10	0,10	0,10	0,10	0,10

43. A

Kostenart	Gesamt/Monat	Fix	Variabel
Kalk. Abschreibung	1.458,33 €	729,16 € (1458,33 € * 0,5)	729,16 €
Kalk. Zinsen	787,5 €	787,5 €	
Instandhaltung/Rep.	650 €	260 € (650 * 0,4)	390 €
Miete	1620 €	1620 €	
Energiegrundgebühr 80 €	80 €		
Energieverbrauch	270 €	270 €	
Betriebsstoffkosten	280 €	280 €	
gesamt	5145,83 €	3476,66 €	1669,16 €

44. C

1. Variabler Stundensatz: 10,48 € • 42 Std. / 400 Std. = 1,10€/Std.

2. Bruttolöhne: 12 € + 1,10€ = 13,10€/Std. 40% von 13,10€/Std. = 5,24€/Std.

3. kalkulatorische Abschreibung: 260.000 €/104 % • 108 °/o = 270.000 € WBW

4. kalkulatorische Zinsen: (260.000 - 30.000)/2 • 0,08 : 12 Monate = 766,66 €

5. Betriebsstoffkosten

   Bei 400Std. 172€

   Bei 240 Std.   140 €

   Differenz: 160 Std.   32 €

   variabler Stundensatz: 32 € : 160 Std. = 0,20 €/Std.

monatl. Fixkosten: 172€ - (0,20€/Std. • 400 Std.) = 92 €

6. Reparaturkosten: 32 € • 35 Std./ 400 Std. = 2,80 €/Std.

Kostenart	monatl. Fixkosten in €	variable Kosten je Drehstunde in €
Fertigungslöhne		12,00
Hilfslöhne (siehe Lösungshinweis 1)		1,10
Sozialkosten (2)		5,24
kalkulatorische Abschreibung (3)	2.500,00	
kalkulatorische Zinsen (4) 766,66		
Energiekosten		2,20
Raumkosten	220,00	
Kosten für Betriebsstoffe (5) 92,00	0,20	
Reparaturkosten (6) 150,00	2,80	
Summe	3.728,66	23,54

Es ergibt sich folgende Gesamtkostenfunktion:

K = 3.729 € + 23,54 €/Std. * x Std.

K = 3.729 € + 23,54 €/Std. * x Std.

45. C

Kf + kv * x = GK

1) Kf + kv*1.250=20.000 €

2) Kf + kv*1.750=27.500 €

Gleichungssystem auflösen nach kv und kv einseten um Kf zu ermitteln.

kv=15

Kf=1.250€

46. B

6320 h kosten 410.800 €

8270 h kosten 448.825 €

Differenz: 1950h; 38.025 €

Bestimmung der variablen Kosten je h:

kv = 38.025 €/1.950 h = 19,5 €

Berechnung der Fixkosten:

410.800 € - 19,5 €/h * 6320 h = 287.560 €

Kostenfunktion:

K(x) = 287.560 + 19,5 x

47. A

Variable Stückkosten:

Aufteilung der Material- und Fertigungsgemeinkosten mithilfe des Differenzen-Quotienten-Verfahrens

Kostendifferenz (413.400 - 361.320) =   52.080 €

Beschäftigungsdifferenz (7.800 - 5.320)   2.480 Paar

var. Material- und Fertigungsgemeink. je Stk.   21,00 €   (52.080 / 2.480)

+   Material- und Fertigungseinzelkosten je Stk.   + 29,00 €   (154.280 / 5320)

variable Stückkosten   = 50,00 €

Fixkosten

fixe Material- und Fertigungsgemeink. je Monat (z. B. 413.400 - (7.800 Paar à 21,00€) = 249.600)

+   fixe Verwaltungs- und Vertriebskosten fixe Kosten je Monat + 73.820 € = 323.420 €.

48. D

Bei der Skontraktionsmethode werden die Materialmengen direkt mit Hilfe von Materialentnahmescheinen erfasst.

	Gesamtmenge Abgang (kg)	Menge (kg)	Preis (€)	Gesamtwert (€)
Anfangsbestand		400	1,7	680
Zugang 2.6.		760	1,6	1216
Abgang	800	400	1,7	680
		400	1,6	640
Zugang 8.6.		600	1,8	1080

Abgang 12.6.	870	360	1,6	576
		510	1,8	918
Zugang 15.6.		480	1,6	768
Abgang 19.6.	430	90	1,8	162
		340	1,6	544
Zugang 22.6.		720	1,5	1080
Zugang 23.6.		150	1,7	255
Abgang	800	140	1,6	224
		660	1,5	990

Verbrauch mengenmäßig : 2900 kg

Verbrauch wertmäßig : 4734 € (680 € + 640 € + 576 € + 918 € + 162 € + 544€ + 224€ + 990€)

49. C

Bei der Inventurmethode wird der Materialverbrauch am Ende der Abrechnungsperiode durch Gegenüberstellung der Einkäufe mit dem Inventarbestand ermittelt.

Inventurmethode

	Menge (kg)	Bewertung (€/kg) Gesamtwert (€)	
Anfangsbestand am 01.06	400	1,70	680
Zugang am 02.06.	760	1,60	1216
Zugang am 08.06.	600	1,80	1080
Zugang am 15.06.	480	1,60	768
Zugang am 22.06.	720	1,50	1080
Zugang am 23.06.	150	1,70	255
Summe	3110		5079
Endbestand lt. Inventur am 30.06.	190		315(150 kg * 1,7 €/kg + 40 kg * 1,5 €/kg)

Verbrauch	(Zugang- Inventurbestand)	(Wert Zugang - Wert Inventurbestand)
	3110 - 190 = 2920	5079 - 315 = 4764

50. B

Bei der retrograden Methode wird von den Halb-/Fertigfabrikaten ausgegangen.

Grundbedingung: der Verbrauch für jede Ausbringungseinheit ist exakt erfasst (Bsp. Stückliste). Man erhält Sollverbrauchsmengen, bei der bei jeder Einheit der gleiche Verbrauch unterstellt wird. Bei dieser Methode bleiben jedoch der Istverbrauch und auch der außergewöhnliche Verbrauch unerkannt.

Produkt	Menge (Stk.)	Verbrauch kg/Stk.	Gesamtverbrauch
Körnerbrot	11.500	0,2	2300
Mischbrot	11.200	0,05	560
Summe			2860

Gesamtzugang   3110 kg

Restbestand   250 kg

mengenmäßiger Verbrauch   2860 kg

wertmäßiger Verbrauch 4.674 € (5079 € - 1,7 €/kg * 150 kg - 1,5 €/kg * 100 kg)

(Gesamtwert des Zugangs 5079 €)

51. B

A: Die retrograde Methode wird auch als Rückrechnung bezeichnet. Ausgangspunkt sind die erstellten Erzeugnisse. Für diese wird der Materialverbrauch mit Hilfe von Stücklisten errechnet. Voraussetzung ist jedoch, dass der Verbrauch bei jeder Ausbringungseinheit identisch ist.

B: Bei der Inventurmethode wird der Endbestand am Ende der Abrechnungsperiode durch Gegenüberstellung der Einkäufe mit dem Endbestand ermittelt. Dabei wird der gesamte Verbrauch erfasst,

auch der nicht betriebsbedingte Verbrauch.

C/D: Bei der Skontraktionsmethode werden die Materialmengen mit Materialentnahmescheinen erfasst. Durch Vergleich von Soll-Bestand und Ist-Bestand lässt sich der nicht betriebsbedingte Verbrauch ermitteln.

52. C

FIFO	Stück	Preis/m²	Bewertung	Verbrauch
I. Anfangsbestand	10.000	4,80 €	48.000,00 €	
II. Zugang 05.12.	5.000	5,40 €	27.000,00 €	
Zwischenbestand	15.000		75.000,00 €	
1. Abgang 08.12.	6.000	4,80 €	28.800,00 €	28.800,00 €
Zwischenbestand	9.000		46.200,00 €	
2. Abgang 10.12.	4.000	4,80 €	19.200,00 €	19.200,00 €
Zwischenbestand	5.000		27.000,00 €	
III. Zugang 15.12	10.000	5,90 €	59.000,00 €	
Zwischenbestand	15.000		86.000,00 €	
3. Abgang 18.12.	10.000			
davon	5.000	5,40 €	27.000,00 €	27.000,00 €
davon	5.000	5,90 €	29.500,00 €	29.500,00 €
Zwischenbestand	5.000		29.500,00 €	
IV. Zugang 20.12.	5.000	6,40 €	32.000,00 €	
Zwischenbestand	10.000	6,15 €	61.500,00 €	
4. Abgang 29.12.	5.000	5,90 €	29.500,00 €	29.500,00 €
Endbestand	5.000	6,40 €	32.000,00 €	134.000,00 €

53. B

LIFO

	Stück	Preis/m²	Bewertung		Verbrauch
I. Anfangsbestand	10.000	4,80 €	48.000,00 €		
II. Zugang 05.12.	5.000	5,40 €	27.000,00 €		

1. Abgang 08.12.	6.000				
davon	5.000	5,40 €	27.000,00 €		27.000,00 €
davon	1.000	4,80 €	4.800,00 €		4.800,00 €
Zwischenbestand	9.000		43.200,00 €		
2. Abgang 10.12.	4.000	4,80 €	19.200,00 €		19.200,00 €
Zwischenbestand	5.000	4,80 €	24.000,00 €		
III. Zugang 15.12	10.000	5,90 €	59.000,00 €		
Zwischenbestand	15.000		83.000,00 €		
3. Abgang 18.12.	10.000	5,90 €	59.000,00 €		59.000,00 €
Zwischenbestand	5.000		24.000,00 €		
IV. Zugang 20.12.	5.000	6,40 €	32.000,00 €		
Zwischenbestand	10.000		56.000,00 €		
4. Abgang 29.12.	5.000	6,40 €	32.000,00 €		32.000,00 €
Endbestand	5.000	4,80 €	24.000,00 €	142.000,00 €	

(Der Endbestand wird mit 4,80 € bewertet, da der Anfangsbestand nicht vollständig verbraucht wurde.)

54. A

Permanenter Durchschnitt

	Stück	Preis/m²	Bewertung	Verbrauch
I. Anfangsbestand	10.000	4,80 €	48.000,00 €	
II. Zugang 05.12.	5.000	5,40 €	27.000,00 €	
Zwischenbestand	15.000	5,00 €	75.000,00 €	

1.Abgang 08.12.	6.000	5,00 €	30.000,00 €	30.000,00 €
Zwischenbestand	9.000		45.000,00 €	
2. Abgang 10.12.	4.000	5,00 €	20.000,00 €	20.000,00 €
Zwischenbestand	5.000		25.000,00 €	
III. Zugang 15.12	10.000	5,90 €	59.000,00 €	
Zwischenbestand	15.000	5,60 €	84.000,00 €	
3. Abgang 18.12.	10.000	5,60 €	56.000,00 €	56.000,00 €
Zwischenbestand	5.000		28.000,00 €	
IV. Zugang 20.12.	5.000	6,40 €	32.000,00 €	
Zwischenbestand	10.000	6,00 €	60.000,00 €	
4. Abgang 29.12.	5.000	6,00 €	30.000,00 €	30.000,00 €
Endbestand	5.000	6,00 €	30.000,00 €	136.000,00 €

55. A

Steigende Preise führen bei Anwendung des Lifo-Verfahrens zu einem niedrigen Lagerbestand und einem hohen Materialverbrauch, da teuere Rohstoffe für die Produktion eingesetzt werden. Steigende Preise führen bei Anwendung des Fifo-Verfahrens zu einem hohen Lagerbestand und einem niedrigen Materialverbrauch, da die zuerst bezogenen günstigen Rohstoffe eingesetzt werden.

56. B

A: Kostenstelleneinzelkosten sind einer Kostenstelle direkt zurechenbar, da es sich um Einzelkosten handelt

C: Kostenstelleneinzelkosten können auch fix sein, wie z.b. die Abschreibung einer Maschine, die nur in einer Kostenstelle zum Einsatz kommt.

D: Unter sekundären Kostenstellengemeinkosten versteht man die Gemeinkosten die in den Hilfskostenstellen entstehen. Hilfskostenstellen wie etwa Reparatur, Energie sind nicht an der eigentlichen Leistungserstellung beteiligt. Diese Kostenstellen erbringen Hilfsleistungen für die Hauptkostenstellen und werden daher als Hilfskostenstellen bezeichnet.

57. D

Personalnebenkosten = 6.100.000 €/12.200.000 = 50%

Wiederbeschaffungswert Bagger = 2.200.000 €/1,1 x 1,2 = 2.400.000 €

kalkulatorische Abschreibungen = 2.400.000 €/8 = 300.000 €

kalkulatorische Zinsen = 2.200.000 €/2 * 10% = 110.000 €

	Zentrale Dienste	Rohbau	Erdarbeiten	Verw.&Vert.	gesamt
	€	€	€	€	€
Personalbasiskosten	60.000	8.600.000	3.200.000	340.000	12.200.000
Personalzusatzkosten	30.000	4.300.000	1.600.000	1 70.000	6.100.000
kalk. Abschreibungen	220.000	1.200.000	300.000	140.000	1.860.000
kalk. Zinsen	100.000	600.000	110.000	60.000	870.000

58. B

	Zentraler Service	Rohbau	Erdarbeiten	Verwaltung und Vertrieb	gesamt
	€	€	€	€	€
Personalbasiskosten	60.000	8.600.000	3.200.000	340.000	12.200.000
Personalzusatzkosten	30.000	4.300.000	1.600.000	170.000	6.100.000
kalk. Abschreibungen	220.000	1.200.000	300.000	140.000	1.860.000
kalk. Zinsen	100.000	600.000	110.000	60.000	870.000
sonstige Kosten	30.000	1.000.000	520.000	320.000	1.870.000
Primärkosten gesamt	440.000	15.700.000	5.730.000	1.030.000	22.900.000
Umlage zentr.	-440.000	300.000	120.000	20.000	0

Dienste					
Endkosten	0	16.000.000	5.850.000	1.050.000	22.900.000
Verrechnungs-basis (Ist)		200.000 (h)	75.000 (h)	21.000.00 0 (HK d. Ums.)	
Istkostensatz		80€/h	78€/h	5%	
Normalkosten-satz		78€/h	75€/h	6%	
Normalgemein-kosten		15.600.000	5.625.000	1.260.000	22.485.000

59. D

Schlüssel

Fuhrpark	1.200/2.000.000 =	0,6 €/km
Energie	1600/8.000.000 =	0,2 €/kWh
Geschäftsführung erlös	1.100.000/44.000 =	0,025 €/ 1€ Verkaufs-

HiKoStelle	Schlüssel	Fuhr-park T€	Ener-gie T€	Ge-schäftsf. T€	WG1 T€	WG 2 T€	WG 3 T€
primäre Gem.k.		1.200	1.540	820	4.040	3.474	1.626
Fuhrpark	0,6 €/km	-1.200	60	180	360	336	264
Energie	0,2 €/kWh		-1.600	100	500	540	460
Geschäftsf.	0,025 €/€ Er-lös			1.100	500	450	150
Handlungskos-ten					5.400	4.800	2.500
Wareneinsatz					10.600	10.200	3.200
Selbstkosten					16.000	15.000	5.700
Erlöse					20.000	18.000	6.000

Gewinn					4.000	3.000	300

60. A

(1)   K(Kantine) = 4000 + 1/9 K (IT)

(2)   K (IT) = 20.000 + 3/213 K (Kantine)

(1)   K(Kantine) = 4000 + 1/9 K (IT)

(2)   K (IT) = 20.000 + 3/213 K (Kantine)

(1 in 2)   K (IT) = 20.000 + 0,014 (4000 + 1/9 K (IT)

   K (IT)= 20.000 + 56 + 0,00156 K(IT)

   0,998 K(IT) = 20056

(3)   K(IT) = 20.087,24

(3 in 1)   K(Kant.)   = 4000 + 1/9 * 20.087,24

   K (Kant.)   = 6231,91

   -> 1h IT   = 20087,24 / 213 = 94,306

   -> 1h Kant.   = 6231,89 / 18 = 346,218

	Material	Fertigung	Verwaltung	Vertrieb
Primäre Kosten (€)	18.000	400.000	120.000	160.000
Kantine in € (sek. K.)	346	2.770 (346,218 * 8)	1.385	1.039
IT in € (sek. K.)	1.037	17.918 (94,306 * 190)	472	377
Summe	19.383	420.688	121.857	161.416

61. A

Berechnung des Ergebnisbeitrags für Iglus:

Fertigungsmaterial:	390.000 €
Mat. GK 10	39.000 €
Fertigungslöhne	260.000 €
Fert. GK 150 %	390.000 €
Herstellkosten der Produktion/ Umsatz:	1.079.000 €
+ Verwaltung/Vertrieb 15%	161.850 €
Selbstkosten des Umsatzes	1.240.850 €
Verkaufserlöse	1.375.000 €

Ergebnisbeitrag   134.150 €

Summe Gemeinkosten Zelte:

Fertigungsmaterial: 220.000 €

Mat. GK.:   10%   22.000 €

Fertigungslöhne: 240.000 €

Fert. GK: 150%   360.000 €

Herstellkosten d. Prod./Umsatzes   824.000 €

Verw. Vertrieb GK 15 %   126.300 €

Die GK betragen   508.300 €   (22.000 €+ 360.000 €+ 126.300 €)

davon fix (80%)   406.640 €

Ergebnisbeitrag Iglus: 134.150 €

- Fixkosten Zelte: - 406.640 €   = - 272.490 €

62. A

	Iglus	Zelte
Fertigungsmaterial	390.000 €	220.000 €
Mat.-Gemeink. 10%	39.000 €	22.000 €
Fertigungslöhne	260.000 €	240.000 €
Fert.-Gemeink. 150%	390.000 €	360.000 €
Herstellkosten der Pro-	1.079.000 €	842.000 €
duktion/des Umsatzes		
Verw./Vertr. GK 15%	161.850 €	126.300 €
Selbstkosten	1.240.850 €	968.300 €
des Umsatzes		
Verkaufserlöse	1.375.000 €	940.000 €
Ergebnisbeitrag	134.150 €	-28.000 €

63. D

Da lt. Aufgabenstellung sämtliche Leistungsbeziehungen zu berücksichtigen sind kommt das simultanes Verfahren (Gleichungsverfahren) zur Anwendung:

(1) $950pD$ $= 4.000 + 150pD + 20.000pS$

(2) $60.000pS$ $= 7.500 + 250pD + 10.000pS$

(1a) 800pD – 20.000pS   = 4.000

(2a) -250pD + 50.000pS   = 7.500

(3) = 2,5*(1a)+(2a)   1.750pD = 17.500

pD = 10 €/t   => Verrechnungspreis Dampf

KD= 950 * 10 = 9.500 €

(4) pD in (I):   950 * 10 = 4.000 + 150 * 10 + 20.000pS

pS = 0,2 €/kWh   => Verrechnungspreis Strom

KS = 60.000 * 0,2 = 12.000 €

Es ergeben sich Gesamtkosten für die Kostenstelle Dampf von 9.500 € und für die Kostenstelle Strom von 12.000 €.

64. C

Bestimmung der Reihenfolge der Hilfskostenstellen									
1.	EDV an Repa-ra-tur		80 h / 1100 h * 220.000 €			16.000 €			
	EDV an Ar-beits-vor.		30 h / 1100 h * 220.000 €			6.000 €			
2.	Repa-ra-tur an EDV		30 h / 870 h * 96.000 €			3.310 €			
	Repa-ra-tur		10 h / 870			1.10			

an Arbeitsvor.		h * 96.000 €			3 €				
		Hilfskostenstellen			Hauptkostenstellen				
	Schlüssel		EDV	Reparatur	Arbeitsvor.	Material	Fertigung	Einbau	Verw/Vertrieb
		Prim. Gem.k	220.000	96.000	40.000	250.000	380.000	290.000	280.000
EDV	200 €/h		-220.000	16.000	6000	36.000	64.000 0,00	56.000 0,00	42.000 0
Rep.	133,33 €/h			-112.000	1333,33	9333,33	46.666,67	40.000 0,00	14666,67
Arbeitsv.	157,777 €/h				-47.333		18.933	28.400	
Primäre + sekundäre Gemeinkosten						295.333	509.600	414.400	336.667
Schlüssel	EDV	220.000 € / 1100 h			200 €/h				
	Reparatur	112000 € / 870 h - 30 h			133,33 €/h				
	Arbeits-	47.333 €			157,777				

	vor.	/ 300 h			€/h				

sekundären Gemeinkosten der Kostenstelle Einbau: 56.000 € + 40.000 € + 28.400 € = 124.400

65. C

Schlüssel Energie   12.600 /150.000 kWh =   0,084 €/kWh

G.& G.   52.200/6.000 m² - 1000 m² =   10,44 €/m²

HiKoStel-le	Schlü ssel	Hilfskos-tenstel-len		Hauptkos-tenstellen				
		Energie	G. & G.	Material	Ferti-gung	Verw. & Vert.	Sum-me
	Prim. Gem.k	12.600	49.680	37.116	70.03 2	48.87 6	218.30 4
Energie		-12.600	2.520	1.512	7.560	1.008	12.600
G. & G.			-52.200	26.100	20.88 0	5.220	52.200
Summe prim. + sek. Ge-meinkos-ten			64.728	98.472	55.10 4		
+ Einzel-kosten				540.000	240.0 00		
Gesamt-summe				604.728	338.4 72	55.10 4	998.30 4

66. B

Die innerbetriebliche Leistungsverrechnung wird in der Kostenstellenrechnung vorgenommen. Als Verfahren kann das Anbauverfahren, das Stufenleiterver-fahren oder das simultane Gleichungsverfahren angewandt werden. Das An-bauverfahren berücksichtigt den gegenseitigen Leistungsaustausch der Hilfs-kostenstellen untereinander gar nicht, das Stufenleiterverfahren nur in eine Richtung. Das simultane Gleichungsverfahren berücksichtigt dagegen voll-ständig den Leistungsaustausch zw. den Hilfskostenstellen.

67. D

A/C: Hilfskostenstellen erbringen hauptsächlich Leistungen für andere Kostenstellen und wirken somit nur mittelbar an der absatzbestimmten Leistungserstellung mit.

68. C

A: KST-EK können variabel sein, z.b. Roh-, Hilfs- und Betriebsstoffe. KST-EK können aber auch fix sein, z.b. Abschreibung einer Maschine.

B: KST-EK werden direkt den Kostenstellen zugewiesen aber nicht direkt auf die Kostenträger verteilt.

D: Die Gehälter von KST-Leitern sind Einzelkosten, da diese direkt einer Kostenstelle zugewiesen werden können.

69. D

Beim Anbauverfahren wird auf die gegenseitige Abrechnung der Hilfskostenstellen verzichtet und so das Bewertungsproblem umgangen. Beim Stufenleiterverfahren werden die Leistungsströme der Hilfskostenstellen untereinander nur in eine Richtung berücksichtigt.

70. C

Da es vorliegend zu Lagerbestandsveränderungen kommt, werden die Kosten mit Hilfe der zweistufige Divisionskalkulation ermittelt:

Die Gesamtkosten teilen sich nun in Produktionskosten (800.000,-) und Verwaltungs- und Vertriebskosten (100.000,-) auf. Die Herstellkosten müssen gemäß der Formel durch die hergestellte Menge dividiert werden, während die Vw.-/Vtr.-Kosten durch die abgesetzte Menge dividiert werden muss.

Rechnung: (800.000€/1.000.000 l/3)+(100.000€/400.000 l/3)= 0,35€ pro Flasche

71. D

Einstufige Divisionskalkulation:

900.000€/1.000.000 l/3= 0,30 € pro Flasche

72. C

	Bewertete Wiedereinbringungsmenge	€/cbm	Lagerbestand
Stufe I	153.900		200.000/12.500 cbm
	+ 8400 * 1,25	= 16 €/cbm	

+ 35.600
= 200.000

Stufe II   200.000   227.500 €/12.500 cbm

+ 14.600   = 18,2 €/cbm

+ 12.900

= 227.500 €

Stufe III   227.500€   289.800 € /4200 t 200 t * 69 € =13.800

         - 3.800   = 69 €/t

       + 66.100

       = 289.800

Stufe IV   276.000 (69 * 4.000)   335.832/79.960

+ 23.988 (79960 * 0,3)   = 4,20 €/Sack

+ 3998 (79960 * 0,05)

+ 31.846

= 335.832 €

Verw./   0,21 €/Sack   4960 Säcke *

Vertrieb   15.750 €   4,2 € = 20.832 €

Selbstkosten   4,41 €

Betriebsergebnis   Kosten: 335.832

               + 15.750   = 351.582 €

                  Erlöse: 5,25

                  - 8%   0,42

                  - 2%   0,01   = 4,82 * 75.000

                               = 361.500 €

Erlöse – Kosten: 361.500 € + 138.000 + 20.832 € - 351.582 € = 168.750 €

(158.832 € sind Bestandsveränderungen)

73. C

Divisionskalkulation

Allgemein:

Stufen I - V:

I. Förderung:

     3.000 t Rohmaterial

II. Aufbereiten

    der 3.000 t.

    Es verbleiben 2.400 t Zementmehl und 600 t Schutt.

    400 t des Zementmehls kommen ins Lager.

III. Brennen

    der 2.000 t Zementmehl

    Es entstehen 1600t Klinker, nach technisch bedingtem Schwund von 400t.

IV. Zermahlen und Mischen (zu Zement)

    der 1.600 t Klinker

    und von 200 t Klinker zusätzlich

    und von 100 t Gips.

    Es entstehen 1.900 t Zement.

    400 t Zement davon kommen ins Lager.

V. Verkauf

    Packen und Verladen der verbleibenden 1.500 t Zement.

Rechenweg:

I: 9.000 €/3.000 t = 3 €/t

II: (3.000 t * 3€/t + 15.0000 €)/ 2.400 t = 10 €/t Zementmehl

III: (2.000 t *10€/t + 30.000€)/ 1.600 t = 31,25 €/t Klinker

IV: (1.800 t * 31,25€/t + 21.175 €)/1.900 t= 40,75 €/t Zement

V: (1.500 t *40,75€/t + 4.125 €)/1.500 t = 43,50 €/t verkaufter Zement = SK/t verkaufter Zement

74. C

A: Die einstufige Divisionskalkulation kann nur angewandt werden, wenn keine Bestandsveränderungen bei den Zwischen- und Endprodukten auftreten.

B: Die Zuschlagskalkulation wird in Betrieben mit unterschiedlichen Erzeugnissen eingestzt zur Verrechnung von Gemeinkosten.

D: Die Kuppelkalkulation wird eingestzt zur Verrechnung von Gemeinkosten, wenn aus einem Kuppelprozess zwangsläufig mehrere Erzeugnisse hervorgehen.

75. D

Herstellkosten gesamt: 180.320 € - 58.200 € = 122.120 €.

Vertriebskosten/Bleistift: 58.200 €/291.000 St. = 0,2 €

Sorte	Menge	ÄQZ	Gew. Menge	Herstell-kosten	Herstellkos-ten/St.	Selbstkos-ten/St.
Hart	56.000	0,75	42.000	15.928,71	0,28	0,48
Mittel	145.000	1	145.000	54.991,98	0,38	0,58
Weich	90.000	1,5	135.000	51.199,43	0,57	0,77
Sume	291.000		322.000	122.120,12		
€/URZ 122.120€/322.000 = 0,379255						

76. A

ÄQZ	Menge an Stoff	Fertigung
TD 1:	1,5	1,25
TD 2	1	1
TD 3	2	2

	Tisch-decke zu-schnei den					Nä hen					
Sor-te	Prod. Menge	ÄQZ	Gew. Me nge	Kos ten	Kos-ten/TD	Pro d. Me nge	ÄQZ	Ge w. Me nge	Kos ten	Kos-ten/TD	Her-stk./TD
TD 1	2.000	1,5	3.000	24.000	12	1.800	1,25	2.250	9.000	5	17
TD 2	3.000	1	3.000	24.000	8	3.200	1	3.200	12.800	4	12

TD 3	2.200	2.400	35.200	16	2.200	2	4.400	17.600	8	24	
Summe		10.400					9850				

URZ: 83.200/10.400 = 8

URZ: 39.400 €/9.850 = 4

Absatz:

Menge ges. 7.200

Kosten je TD: 21.600 €/7.200 = 3 €/TD

Selbstkosten je TD

TD 1: 17 + 3 = 20

TD 2: 12 + 3 = 15

TD 3: 24 + 3 = 27

77. C

In diesem Fall kommt die Äquivalenzziffernkalkulation zur Anwendung, da die Erzeugnisse in einem festen und konstanten Kostenverhältnis zueinander stehen. Dieses Kostenverhältnis wird durch Äquivalenzziffern ausgedrückt.

78. D

Verteilungsrechnung auf Basis der Erlöse:

                         ÄQZ

Erlöse: HP 270 €/t   6,75

         NA 120 €/t   3

         NB 40 €/t   1

Sorte	prod. Menge	ÄQZ	gew. Menge	Gem.Kost	Einz.K.	Ges.K
HP	4000	6,75	27.000	810.000	116.250	926.250
NA	800	3	2.400	72.000	19.000	91.000
NB	600	1	600	18.000	29.000	29.000
Summe			30.000			

€ pro URZ: 900.000/30.000 = 30 €

Selbstkosten/t

HP   231,56 € (926.250/4000)

NA   113,75 €

NB   48,33 €

79. C

Restwertrechnung:

Kosten des Kuppelprozesses: 900.000 €

Nettoerlöse der NP   120 €/t * 800

+ 40 €/t * 600 = 120.000

Selbstkosten der Gesamtproduktion: 900.000 €

-120.000 €

+ 116.250 €

= 896.250 €

Selbstkosten pro t HP: 896.250 €/4000 t   = 224,06 €/t

80. A

Kuppelproduktion

Gesamtkosten der Kuppelproduktion für die Tagesproduktion von 5.000t Eisen:

+Erz   10.000t * 250€/t   2.500.000€

+Koks, Kalk   0,8t/t * 5.000t * 450€/t   + 1.800.000€

+Wasser   40m3/t * 5.000t * 2€/t   + 400.000€

+Löhne, Nebenkosten   + 40.000€

+Hilfsmaterial pro Tag   + 10.000€

+Kalk. Abschreibungen 219.000 : 10 : 365 + 60.000€

+Kalk. Zinsen   219.000.000 : 2 * 0,1 : 365   + 30.000€

=Gesamtkosten des Kuppelprozesses   = 4.840.000€

- Nettoerlöse Schlacke 1,2t/t * 5.000t * (90 - 50) - 240.000€

- Nettoerlöse Gas   0 - 50.000 = - 50.000   - (-50.000)€

Restwert   = 4.650.000€

Anteiliger Restwert pro t Eisen 4.650.000 € : 5.000t   = 930€/t

81. B

(1t E1*15€/t + 3t E2*20€/t)*70 Prozesse = 5.250,00   Einsatzstoffe

        5.750,00   MGK

     10.000,00   FGK

      5.250,00   Fertigungslöhne

Summe: 26.250,00   Kuppelprozesskosten

82. C

4.794 €	Material (Getränkekartons) (=940x5,10€)
5.355 €	Abschreibung
6.380 €	Löhne
5.450 €	Wasser/Chemikalien
1.420 €	Kalk. Zinsen
23.399 €	Gesamtkosten des Kuppelprozesses pro Monat

83. B

Es handelt sich hierbei um einen Kuppelprozess aus dem zwangsläufig mehrere Erzeugnisse hervorgehen. Ist es nicht sinnvoll in Haupt- und Nebenprodukte zu unterscheiden, so kommt die Kuppelkalkulation nach dem Verteilungsverfahren zur Anwendung, wobei als Verteilungsschlüssel Mengenanteile, technische Maßstäbe oder Marktwerte herangezogen werden.

Da in diesem Fall die Verteilung der Prozesskosten auf Basis von Marktwerten vorgenommen wird, lässt sich der Schluss ziehen, dass es nicht sinnvoll ist, die Erzeugnisse in Haupt- und Nebenprodukte zu unterscheiden.

84. C

Bei einer Verarbeitung von 150 t des Rohstoffs M entstehen 30 t A, 60 t B und 60 t C.

Kuppelprozesskosten:

Materialkosten €	150 t * 2000 €/t	= 300.000
Fertigungskosten €	150 t * 1000 €/t =	150.000
Vernichtungskosten für C	60t * 50 €/t =	3.000 €
ges. €		453.000

Verteilung der Kuppelprozesskosten nach der Verteilungsrechnung:

Sor te	Men ge xi	A Z ai	Umr.z ahl xi x ai	GK/t	Aufberei- tungskosten	HK/t	VwGK/V tGK	Selbst- kosten
A	30	1, 5	45	5.52 4,4	1500	7.024, 44	702,44	7.726,84
B	60	1, 3	78	4.78 7,8		4.787, 8	478,78	5.266,58
			123					

85. B

Kuppelkalkulation nach dem Restwertverfahren, da 1 Hauptprodukt und 1 Nebenprodukt vorhanden sind.

140 t Stahl wurden produziert und abgesetzt

16 t Schlacke wurden verkauft à 1,50 €/kg

    =1 €

    + 0,50 € VtrK

Rechenalternative I:

    184.000 Gesamtkosten Kuppelprozess

    - 24.000   Nettoerlöse (16 t = 16.000 kg à 1,50 €)

    +   8.000 VtrK   (16.000 t $\square$ 0.50 €/t)

Gesamtkosten   168.000 €

Rechenalternative II:

    184.000 Gesamtkosten Kuppelprozess

    - 16.000   (16.000 kg $\square$(1,50 €/kg - 0,50 €/kg))

Gesamtkosten   168.000€

86. A

Es handelt sich hierbei um einen Kuppelprozess aus dem zwangsläufig mehrere Erzeugnisse hervorgehen. Können diese Erzeugnisse in Haupt- und Nebenprodukte unterteilt werden, so kommt die Kuppelkalkulation nach dem
Restwertverfahren zur Anwendung.

87. B

A: Die Probleme der Äquivalenzziffernkalkulation gelten auch für die Kuppelkalkulation nach der Verteilungsrechnung. Im Gegensatz zur Äquivalenzziffernkalkulation ist aber bei der Verteilungsrechnung aufgrund des technisch-
physikalischen Zusammenhangs keine Verteilung der Kosten nach dem Pro-

portionalitätsprinzip möglich. Daher wird in der Praxis häufig die Verteilung der Kosten auf Basis von Marktwerten vorgenommen (sog. Marktpreismethode). In diesem Fall entspricht die Äquivalenzziffer dem Marktpreis. Die Verteilung der Kuppelkosten beruht also auf dem relativen Umsatzanteil der jeweiligen Produkte. Daher basiert die Verteilungsrechnung auf dem Tragfähigkeitsprinzip.

B,C, D: Die Restwertrechnung wird angewandt, wenn die Produkte, die aus einem Kuppelprozess hervorgehen in Haupt- und Nebenprodukte unterschieden werden können. Dafür werden zunächst die gesamten Kuppelkosten ermittelt. Dann werden die Nettoerlöse der Nebenprodukte subtrahiert. Der Restwert wird auf die Einheiten des Hauptprodukts umgelegt. Erlöse der Nebenprodukte senken den Restwert, der auf das Hauptprodukt umgelegt wird, Kosten der Nebenprodukte erhöhen den Restwert, der auf das Hauptprodukt umgelegt wird.

88. A

1. Der Zuschlagssatz auf die Materialeinzelkosten beträgt:

gesamte Gemeinkosten x 100 / Materialeinzelkosten

96.000x100/38.400   = 250 %

2. Der Zuschlagssatz auf die Fertigungseinzelkosten beträgt:

gesamte Gemeinkosten x 100/ Fertigungseinzelkosten

6.000x100 /25.600= 375 %

89. D

Gesamtkosten für Profil A:

1.500m von A * 5min/m = 7.500 min =125 Stunden

125h * 30,60€/h = 3.825 €

Hinzu kommt die Hälfte der Umrüststunden (170h:2 = 85h):

85h * 15,60€/h = 1.326 €

Gesamtkosten für A: 5.151 €

Rechenweg für Profil B:

2.700 m von B * 10min/m = 27.000 min = 450 Stunden

450 h * 30,60€/h = 13.770 €

Hinzu kommt die Hälfte der Umrüststunden (170h:2 = 85h):

85h * 15,60€/h = 1.326 €

Gesamtkosten für B: 15.096 €

90. B

Rechenweg für A:

1.500m von A á 5min/m = 7.500 min =125 Stunden

125h á 30,60€/h = 3.825 €

Gesamtkosten für A: 5.151 €.

Hinzu kommt die Hälfte der Umrüststunden (170h:2 = 85h):

85h á 15,60€/h = 1.326 €

Rechenweg für B nach dem gleichen Schema!

91. C

1. Kalkulation auf Basis der Materialeinzelkosten

Materialeinzelkosten		1.100€
Fertigungseinzelkosten	860 €	
Sondereinzelkosten der Fertigung	40 €	
Gemeinkosten (1.100 * 250%)	2.750 €	
Selbstkosten		4.750 €

2. Kalkulation auf Basis der Fertigungseinzelkosten

Materialeinzelkosten		1.100€
Fertigungseinzelkosten	860 €	
Sondereinzelkosten der Fertigung	40 €	
Gemeinkosten (860 * 375%)	3.225 €	
Selbstkosten		5.225 €

92. B

Materialgemeinkosten		5.760€
+ Fertigungsgemeinkosten		76.800 €
+ Verwaltungs- und Vertriebsgemeinkosten		13.440 €
Summe Gemeinkosten		96.000 €

Berechnung der Zuschlagsätze:

- Materialgemeinkostenzuschlag: 5.760€ / 38.400 € = 15 %

- Fertigungsgemeinkostenzuschlag: 76.800€ / 25.600€ = 300 %

- Zuschlagssatz Vertriebskosten 13.440€ /
(5760+76800+38400+25.600) = 9,17%

Selbstkosten mit Sondereinzelkosten der Fertigung

MEK	1.100,00 €
MGK(15%)	165,00 €
FEK	860,00 €
FGK (300 %)	2.580,00 €
HK ohne SEKdF	4.705,00 €
SEdF	40,00 €
VwGK, VtrGk (9,17% von HK ohne SEKdF)	431,45 €
Selbstkosten	5.176,45 €

93. B

Kostenart	Gesamt €/ Monat
Kalk. Abschreibung	280.000/16/12 = 1.458,33 €
Kalk. Zinsen	210.000 /2 * 0,09/12 = 787,5 €
Instandhaltung/Rep.	7.800/12 = 650 €
Miete	18 qm * 90 € = 1620 €
Energiegrundgebühr	80 €
Energieverbrauch	20 kWh * 0,09 €/kWh * 150 h = 270 €
Betriebsstoffkosten	280 €
Summe	5145,83 €
Maschinenstundensatz	5145,83/150 = 34,31 €

94. C

Plan-Maschinenstundensatz   €/Jahr

1. Abschreibung   495.000 € * 112,7 / 110,4 = 505.312,5 € : 10 Jahre = 50.531,25   (Die Abschreibung nach AfA ist hier irrelevant, deshalb 10 Jahre linear)

2. Raumkosten: 11m2 x 22 €/m2 x 12 Monate   = 2.904,00

3. Energie   33 kW • (0,22 € • 1,0552 €/kWh) • 2.000 h = 16.161,12

4. Instandhaltung 32.400 € : 10 Jahre   = 3.240,00

5.kalkulatorische Zinsen 495.000 / 2 * 0,05 = 12.375,00 kalkulatorischen Zinsen werden auf das tasächlich gebunde Kapital berechnet, daher ist der WBP irrelevant.

Summe	= 85.210,37
Planbeschäftigung:	2 000 Maschinenstunden

Maschinenstundensatz (Plan) 42,61 €/h (85.210,37 € / 2000 h)

95. C

Berechnung aller Kosten für ein Jahr, anschließend erfolgt die Umrechnung in €/h.

Stunden: 52*40	=2.080 h
-Ausfallzeit:	580 h
=	1.500 h

kalkulatorische Abschreibung:	150.000/10 =15.000 €/Jahr
kalkulatorische Zinsen:	120.000/2*0,08= 4.800 €/Jahr
Raumkosten:	20*15*12= 3.600 €/Jahr
Energiekosten:	60*1.500*0,35= 31.500 €/Jahr
Gesamtkosten:	54.900 €

Maschinenstundensatz: 54.900/1.500= 36,60 €/Std.

Durch die kürzere Nutzungsdauer erhöht sich die kalkulatorische Abschreibung um 2,50 €

Maschinenstundensatz: 39,10 €/Std.

96. B

MSS der Fertigungsstufe 1:

60.000	Abschreibung
14.700	Kalk. Zinsen (10% von 147.000 €)
1.000	Strom (250 Tage * 8h/Tag * 5Kw/h*0,1 €/kWh
8.000	Schmierstoff (32*250)
7.000	Lohn (28*250)
8.500	Material (34*250)
+ 800	Wagnisse etc.
100.000	

Stunden insgesamt: 250*8 = 2.000 Stunden

100.000/2.000= 50€/Stunde

97. C

Das Disagio ist über die Laufzeit des Darlehens nach der Zinsstaffelmethode aufzulösen:

6.600 € × 10/55 = 1.200 €, davon 75% = 900 €.

=> Bilanzausweis = 6.600 € - 900 € = 5.700 €

98. D

Nach der Zinsstaffelmethode (n/2 × (n+1)) und mit 40 Raten (10 Jahre á 4 Raten) ergibt sich eine Auflösung im ersten Vierteljahr von 40/820 = 29.268,29 €.

99. D

(420.000 CHF + 6.200 CHF)× 1,28 €/CHF = 545.536 €.

100. A

101. C

102. C

103. D

104. C

105. D

Da die Vorräte Teil des Umlaufvermögens sind, werden sie in der Liquidität 3. Grades berücksichtigt

106. D

Wenn das Fremdkapital ausschließlich kurzfristig rückzahlbar wäre, wäre trotz niedriger Schuldentilgungsdauer eine Illiquidität möglich.

107. C

Handelsrechtlich muss für die ungewisse Verbindlichkeit eine Rückstellung gemäß § 249 HGB gebildet werden. Sie ist nach vernünftiger Beurteilung zu bewerten (§ 253 HGB).

Da damit zu rechnen ist, dass die AG den Prozess verliert, muss mit folgenden Kosten gerechnet werden:

Schadenersatzleistungen	200.000 €
Gutachterkosten	8.000 €
Gegnerische Prozesskosten erstes Verfahren	10.000 €
Gegnerische Prozesskosten zweites Verfahren	15.000 €
Eigene Prozesskosten zweites Verfahren	20.000 €
= Gesamtkosten = Rückstellung zum 31.12.2007	253.000 €
Abzüglich: vorläufige Rückstellung	18.000 €

Zuführung zu Rückstellungen   235.000 €

108. C

3% von 8.000.000 € = 240.000 €

109. A

Da die Fertigstellung im Dezember erfolgt, ist eine Abschreibung von 1/12 auf 2% der Herstellungskosten zu bilden:

1/12 × 2% × 2.000.000 € = 3.333,33 €

110. B

Da die Fertigstellung im Dezember erfolgt, ist eine Abschreibung von 1/12 auf 10% der Herstellungskosten zu bilden:

1/12 × 10% × 120.000 € = 1.000 €

111. B

7.000.000 CHF × 6,75% × 90 Tage/360 Tage × 1,32 €/CHF = 155.925 €

112. D
113. D
114. D
115. B
116. C

117. A

Neu ausgegebene Aktien: 10% von 4.000.000 = 400.000

400.000 × 20 € je Aktie = 8.000.000 €

118. C

Die eigenen Aktien werden gemäß § 253 HGB mit den Anschaffungskosten einschließlich der zuzuordnenden Nebenkosten ausgewiesen:

1.000.000 Aktien × (21 €/Aktie × 1,005) = 21.105.000 €.

Zum 31.12.2007 ist gemäß § 253 Abs. 3 HGB eine Abschreibung vorzunehmen:

1.000.000 Aktien × (17 €/Aktie × 1,005) = 17.085.000 €.

119. B

Neu ausgegebene Aktien: 10% von 4.000.000 = 400.000

400.000 × 20 € = 8.000.000 €

Gezeichnetes Kapital: 400.000 × 1 € = 400.000 €

Kapitalrücklage: 8.000.000 € -400.000 € = 7.600.000 €

120. D

Die Bewertung der Aktien erfolgt mit den Anschaffungskosten gemäß § 253 HGB. Die Aufwendungen für die Optionsrechte stellen Anschaffungsneben-kosten dar und können dem Erwerb der Aktien der B-AG einzeln zugeordnet werden.

Berechnung:

50.000 Aktien × 46 €/Aktie = 2.300.000 €

50.000 Optionen × 2 €/Option × 1,002 = 100.200 €

Summe = 2.400.200 €

121. B

122. A

123. A

124. D

125. B

126. D

127. B

128. A

129. B

130. A

Gegen den Kommissionär hat die AG keine Forderungen aus Lieferungen und Leistungen. Umsatzsteuerlich wird gemäß § 3 Abs. 3 UStG keine Lieferung der Spezialwerkzeuge an den Kommissionär ausgeführt. Erst eine Lieferung des Kommissionärs an einen Abnehmer bewirkt eine Lieferung durch den Kommittenten an den Kommissionär (R 24 Abs. 2 S. 9 UStR).

Damit verbleibt der abgerechnete Umsatz mit dem Kommissionär von 90.150 €.

131. A

Die Bewertung der Forderung erfolgt zunächst mit den Anschaffungskosten, d. h. dem Nennbetrag nach § 253 HGB.

Unabhängig von der Dauer der Wertminderung ist die Forderung handelsrechtlich zwingend auf den niedrigeren beizulegenden Wert in Höhe von 0 € abzuschreiben (Niederwestprinzip).

132. C

Kaufpreis = 7,5 Mio. €

Erworbene Vermögensgegenstände abzüglich Schulden = 13,7 Mio. € - 8,6 Mio. € = 5,1 Mio. €

Aktivischer Unterschiedsbetrag = 7,5 Mio. € - 5,1 Mio. € = 2,4 Mio. €

133. D

Anschaffungskosten = 14.000.000 € +760.000 € + 220.000 € = 14.980.000 €

Teilwert = 12.000.000 €

=> Abschreibung = 2.980.000 €

134. B

Abschreibung auf 15 Jahre (§ 7 Abs. 1 S. 3 EStG). 6 Jahre Abschreibung => 300.000 € / 15 Jahre = 20.000 € Abschreibung pro Jahr. 6 Jahre × 20.000 € = 120.000 € Abschreibung => Restbuchwert = 300.000 € - 120.000 € = 180.000 €

135. D

Kaufpreis = 7,5 Mio. €

Erworbene Vermögensgegenstände abzüglich Schulden = 13,7 Mio. € - 8,6 Mio. € = 5,1 Mio. €

Aktivischer Unterschiedsbetrag = 7,5 Mio. € - 5,1 Mio. € = 2,4 Mio. €

=> es existiert kein passivischer Unterschiedsbetrag

136. A

137. C

Für zukünftig zu aktivierende Anschaffungskosten des Fettabschneiders darf handelsrechtlich keine Gewinn mindernde Rückstellung gebildet werden.

138. B

Bei dem Mietvertrag handelt es sich um ein Dauerschuldverhältnis. Hinsichtlich der restlichen Mietdauer (Januar 2012 bis Dezember 2015) liegt ein schwebendes Geschäft vor, aus dem ein Verlust droht. Handelsrechtlich ist gemäß § 249 Abs. 1 Satz 1 HGB eine Rückstellung zu bilden. Die Bewertung erfolgt in Höhe des Betrages, der nach vernünftiger kaufmännischer Beurteilung notwendig ist (§ 253 HGB). Maßgeblich ist damit der Überschuss der Verpflichtungen über die Vorteile:

48 × 14.000 € = 672.000 €

./. 45 × 6.600 € = 297.000 €

./. 42 × 6.000 € = 252.000 €

= Bilanzansatz zum 31.12.2007 = 123.000 €

139. D

Die Abbruchverpflichtung ist als Sachleistungsverpflichtung eine Verbindlichkeit gegenüber Dritten, deren Höhe noch ungewiss ist (§ 249 Abs. 1 HGB). Damit hat ein Ansatz in der Handelsbilanz zu erfolgen. Sie ist zu bewerten mit dem Betrag, der nach vernünftiger kaufmännischer Beurteilung notwendig ist (§ 253 Abs. 1 HGB), d. h. zu Vollkosten. Es ist zu den erwarteten Abbruchkosten, abgezinst auf heute zu bewerten:

300.000 € x 61,763% = 185.289 €

140. B

141. A

142. C

Die Bearbeitungsgebühren sind gemäß § 250 Abs. 1 HGB als aktiver Rechnungsabgrenzungsposten auszuweisen.

143. C

7.000.000 CHF × 1,32 €/CHF = 9.240.000 €

Der höhere beizulegende Wert ist gemäß § 253 i. V. m. § 252 HGB anzusetzen.

144. B

Nach § 240 Abs. 4 HGB ist neben den Verbrauchsfolgeverfahren (§ 256 HGB) der gewogene Durchschnitt vorgeschrieben.

214

1. Januar 2007   300   300.000 €

10. Januar 2007   100   120.000 €

20. März 2007   200   200.000 €

30. Juli 2007   80   100.000 €

2. Oktober 2007   150   165.000 €

20. November 2007   200   260.000 €

Summe   1.030 1.145.000 €

⇨ gewogener Durchschnitt = 1.145.000 €/1.030 = 1.111,65 € => Bewertung = 250 × 1.111,65 € = 277.912 €

145. A

Nach dem Lifo-Verfahren sind die zuerst angeschafften Rohstoffe noch im Bestand. Deren Anschaffungspreis betrug 1.000 €/t => 250 t × 1.000 €/t = 250.000 €

146. C

Nach dem Fifo-Verfahren sind die zuletzt angeschafften Rohstoffe noch im Bestand. Dies sind 200 t mit 260.000 € Anschaffungspreis und 150 t mit 165.000 € Anschaffungspreis, was 1.100 € Anschaffungspreis pro Tonne entspricht. => 260.000 € (200 t) + 50 t × 1.100 €/t = 315.000 €.

147. D

Nur die Einzelkosten, Fertigungs- und Materialgemeinkosten müssen gemäß HGB in die Herstellungskosten einbezogen werden. Da die Stromkosten unechte Gemeinkosten sind, besteht auch hier eine Aktivierungspflicht!

Materialeinzelkosten 400.000 €

Fertigungseinzelkosten 300.000 €

Sondereinzelkosten der Fertigung 200.000 €

Stromkosten 100.000 €

Materialgemeinkosten: 800.000 €

Fertigungsgemeinkosten: 600.000 €

Summe 2.400.000 €

148. C

Gegen den Kommissionär hat die AG keine Forderungen aus Lieferungen und Leistungen. Umsatzsteuerlich wird gemäß § 3 Abs. 3 UStG keine Lieferung der Spezialwerkzeuge an den Kommissionär ausgeführt. Erst eine Lieferung des Kommissionärs an einen Abnehmer bewirkt eine Lieferung durch den Kommittenten an den Kommissionär (R 24 Abs. 2 S. 9 UStR).

Die AG ist Kommittent und hat die in ihrem Eigentum befindlichen Spezialwerkzeuge in ihrer Bilanz anzusetzen. Die vom Kommissionär (§ 383 HGB) noch nicht verkauften Spezialwerkzeuge hat die AG als fertige Erzeugnisse mit den Herstellungskosten zu bewerten (§§ 246 Abs. 1, 247, 253, 255 HGB).

Die Herstellungskosten ergeben sich wie folgt:

Material- und Materialgemeinkosten 18%

Fertigungs- und Fertigungsgemeinkosten 26%

Gemessen am Verkaufspreis 44%

Verwaltungskosten sind nicht anzusetzen, da ein niedriger Gewinn erzielt werden soll. Vertriebskosten zählen nicht zu den Herstellungskosten.

(3.000 Stück – 1.202 Stück) × 100 €/Stück =179.800 €, davon 44% = 79.112 €

149. B
150. D
151. C
152. D
153. D
154. A
155. C
156. A
157. A
158. C
159. A
160. D
161. D
162. A
163. D
164. B
165. A
166. B
167. C
168. A
169. A

170. A

171. D

172. B

173. B

174. B

175. D

Da die elektrische Installation Teil der Produktionshalle ist, steht sie nicht separat in der Bilanz.

176. D

Die Anschaffungs- oder Herstellungskosten für die Produktionshalle betragen 1.200.000 € abzgl. 300.000 € Herstellungskosten für einen Lastenaufzug, da es sich hierbei um einen selbstständigen Gebäudeteil handelt, der unter technischen Anlagen und Maschinen zu aktivieren ist. Die Halle wird zeitanteilig für vier Monate abgeschrieben. Die Abschreibung beträgt 4/12 von 2% von 900.000 € = 6.000 €. Der Bilanzansatz zum 31. Dezember beträgt damit 900.000 € - 6.000 € = 894.000 €.

177. C

Der Lastenaufzug wird mit 300.000 € aktiviert. Die Abschreibung beträgt 4/12 von 1/15 von 300.000 € = 6.666,67 €.

178. D

Das Gebäude gehört zum Anlagevermögen (§ 247 Abs. 2 HGB) und ist mit den Herstellungskosten anzusetzen (§ 246 Abs. 1, 247 Abs. 2 HGB). Die Bewertung ist zu den angefallenen Herstellungskosten abzüglich der Abschreibungen vorzunehmen (§§ 253 Abs. 1, 255 Abs. 2 HGB).

Zu den Herstellungskosten zählen nicht Vorauszahlungen, denen keine Bauleistungen gegenüberstehen (1.900.000 € - 1.800.000 €). Diese sind direkt abzugsfähiger Aufwand/Betriebsausgabe (H 6.4 EStH „Vorauszahlungen auf Herstellungskosten").

Die Mängel am Dach führen nicht zur Minderung der Herstellungskosten, da ihnen Herstellungsleistungen gegenüberstehen (H 33a EStH „Vorauszahlungen auf Herstellungskosten").

Die Aufwendungen für die unselbstständigen Gebäudeteile Personenaufzug und Kassettendecke sind Teil der Herstellungskosten (H 33a EStH „Kassettendecke").

Die Abtragung der Kassettendecke führt nicht zu einer Absetzung für außergewöhnliche technische Abnutzung (H 33a EStG „Baumängel"; H 44 EStH „AfaA").

Eine Abschreibung auf den niedrigeren beizulegenden Wert (§ 253 Abs. 2 Satz 3 HGB) bzw. den niedrigeren Teilwert (§ 6 Abs. 1 Nr. 1 Satz 2 EStG) entfällt, weil sie nicht unter den Herstellungskosten liegen.

Der Parkplatz ist kein Bestandteil des Produktionsgebäudes, sondern Außenanlage (H 33a EStH „Außenanlagen").

Die Herstellungskosten betragen damit:

Produktionsgebäude	1.660.000 €	
Baufertigstellung Produktionsgebäude	270.000 €	
Personenaufzug	75.000 €	
Kassettendecke	4.000 €	
Abbruch und Fertigstellung Kassettendecke		6.000 €
Insgesamt	2.015.000 €	

179. D

Der Parkplatz ist unbeweglicher Vermögensgegenstand und kein Gebäudebestandteil. Die Bewertung erfolgt zu den Herstellungskosten abzüglich der planmäßigen Abschreibungen (§ 253 HGB).

Die Lohneinzelkosten für die eigenen Arbeitnehmer zuzüglich der Fertigungsgemeinkosten sind ebenfalls Teil der Herstellungskosten.

Herstellungskosten:

Pader-GmbH	61.000 €
Bauunternehmer Sichel	45.000 €
Eigene Arbeitnehmer	
Einzelkosten	7.000 €
Fertigungsgemeinkosten 200%	14.000 €
Herstellungskosten	127.000 €

180. D

181. A

182. B

183. C

184. D

185. B

186. B

187. D

188. C

189. C

190. D

191. B

Nach § 253 Abs. 1 Satz 1 HGB sind Vermögensgegenstände höchstens mit ihren Anschaffungskosten anzusetzen. Die Anschaffungskosten ergeben sich aus:

Anschaffungspreis

./. Anschaffungspreisminderungen

+ Anschaffungsnebenkosten

+ nachträgliche Anschaffungskosten

= Anschaffungskosten

Da die Vorsteuer nicht abzugsfähig ist, ergeben sich die Anschaffungskosten wie folgt:

952.000 € (800.000 € zzgl. 19% USt)

+ 14.280 €

+ 1.190 €

= 967.470 €

Da nur einzeln zurechenbare Kosten aktiviert werden dürfen, sind die anteiligen Kosten des Einkaufs nicht Teil der Anschaffungskosten.

192. B

Vermögensgegenstände sind höchstens mit ihren Anschaffungskosten anzusetzen. Die Anschaffungskosten ergeben sich aus:

Anschaffungspreis

./. Anschaffungspreisminderungen

+ Anschaffungsnebenkosten

+ nachträgliche Anschaffungskosten

= Anschaffungskosten

Da die Vorsteuer abzugsfähig ist, ergeben sich die Anschaffungskosten wie folgt:

252.100,84 € (300.000 € abzgl. 19% USt)

+ 12.000 € (14.280 € abzgl. 19% USt)

+ 1.000 € (1.190 € abzgl. 19% USt)

= 265.100,84 €

Da nur einzeln zurechenbare Kosten aktiviert werden dürfen, sind die anteiligen Kosten des Einkaufs nicht Teil der Anschaffungskosten.

193. D

Anlagenabnutzungsgrad = 19.000 / 20.000 = 95%

194. A

Zugänge = 2.000 T€

Erlöse aus Anlagenabgängen = 450 T€

Nettoinvestitionen = 1.550 T€

Anlagenabnutzungsgrad = 1.550 / 18.500 = 8,4%

195. B

Abschreibungsquote = 2.700 / 20.000 = 13,5%

196. C

Eigenkapital Vorjahr = 90% × 4.000.000 € = 3.600.000 €

Eigenkapital dieses Jahr = 80% × 3.000.000 € = 2.400.000 €

Durchschnittliches Eigenkapital = (3.600.000 € + 2.400.000 €) / 2 = 3.000.000 €

Eigenkapitalrentabilität = 300.000 € / 3.000.000 € = 10%

197 A.

Umsatzerlöse	+ 17.000
Herstellungskosten der zur Erzielung der Umsatzerlöse erbrachten Leistungen	-12.000
Vertriebskosten	-1.500
allgemeine Verwaltungskosten	-2.750
Aufwendungen für Forschung und Entwicklung	-190
übrige sonstige betriebliche Aufwendungen	-42
verschiedene Betriebssteuern	-18
Ordentliches Betriebsergebnis	+ 500

Die übrigen sonstigen betrieblichen Erträge werden in dieser Rechnung nicht in das ordentliche Betriebsergebnis einbezogen.

198. B

Eigenkapitalquote = Eigenkapital / Gesamtkapital = 800 / 4.000 = 20%

199. A

Liquidität 1. Grades = Zahlungsmittel / kurzfristiges Fremdkapital = 1.000 / 1.400 = 71,43%

200. D

Liquidität 2. Grades = (Zahlungsmittel + Forderungen) / kurzfristiges Fremdkapital = (1.000 + 600) / 1.400 = 114,29%

201. A

Liquidität 3. Grades = Umlaufvermögen / kurzfristiges Fremdkapital = 2.000 / 1.400 = 142,86%

Lösungen zu Marketing

1. B
2. A
3. D
4. C
5. D
6. C
7. A
8. B

9. D
Da viele Aufgaben abgenommen werden, ist Franchising teurer als Eigengründungen.

10. B
Die Servicequalität in einem Warenhaus ist üblicherweise sehr hoch.

11. D
Der Verkauf in einem Discounter erfolgt per Selbstbedienung.

12. C
13. D
14. D
15. C

16. B
- variable Stückkosten: 25,20 € / 42 = 0,6
- Stückdeckungsbeitrag: 1,50 € - 0,6 € = 0,9 €
- Fixkosten: 490 € + 770 € = 1260 €
- Break-even-Menge: Kf/DB 1260/0,9 = 1400 Stk.

17. D
- variable Stückkosten : 25,20 € / 42 = 0,6
- Stückdeckungsbeitrag : 1,50 € - 0,6 € = 0,9 €
- Fixkosten: 490 € + 770 € = 1260 €
- Break-even-Menge: Kf/DB   1260/0,9 = 1400 Stk.
- Break-even- Umsatz   1400 Stk. * 1,5 €/Stk = 2.100 €

18. C
Erfolgsbeitrag des Marktes EB = 5 000 • (1,50 €/Stck - 0,60 €/Stck) - 1 260 € =
3 240 €

19. C
x (1,35 € - 0,6 €) - 1260 € = 3240 €
x = 6000 Stk.

6000/5000 = 1,2   -> Steigerung von 20%

20.   C
1260 € / (1,35 €/Stk. – 0,85 €/Stk) = 2520 Stk.

21. A

(1,35 €/Stk. − 0,85 €/Stk.) * 5250 − 1260 € = 1365 €

22. D

Ermittlung der Gewinnschwellenmenge (Break-Even-Point) BEP = Kf/db

36.000 / (9 − 5,2) = 9.474 l

23. A

Umsatz je l: 18.000 €/20.000 l = 9€ DB je l: 9 € − 5,2 l = 3,8 l

25.000 + 36.000 / 3,8 = 16.053 l

24. C

Kv = 5,2 €/l * 1,1 = 5,72

25.000 € + 36.000 € = (9p − 5,72€) * 16053 p = 1,057

Der Preis muss um 5,7 % erhöht werden.

Damit muss der Preis um 0,52 € auf 9,52 € steigen.

25. B
26. C
27. A
28. B
29. D
30. B
31. A
32. B
33. B
34. C
35. B
36. A
37. A
38. D
39. D

40. A

Ausschöpfung des Marktpotenzials = (500 + 1000) / 2.000 = 75%

41. B

Marktanteil = 500 / (500 + 1000) = 33%

42. C

Informationen über Vertriebsstrukturen betreffen die Distributionsanalyse

43. D
44. B
45. C
46. D
47. D
48. C

49. A

Das Panelverfahren ist eine Erhebungsart, kein Auswahlverfahren

50.   B

Aufgabe 1

Folgende Schritte werden in der Regel durchlaufen:

1. Marktforschung und Umfeldanalyse: der Sachverhalt wird im Rahmen der Marktforschung analysiert.

2. Zielformulierung: aus den Ergebnissen der Marktforschung wer- den die Ziele für das Marketing identifiziert und formuliert.

3. Strategiefestlegung: die für die Erreichung des Zieles gewählte Strategie wird ausgewählt.

4. Marketing-Mix: der geeignete Marketing-Mix wird festgelegt.

Marketingcontrolling: der Marketing-Mix wird hinsichtlich der Zielerreichung überwacht.

Aufgabe 2

Marketingziele sind die angestrebten zukünftigen Zustände, die durch Ent-scheidungen erreicht werden sollen. Aus den Marketzingzielen werden die Mar-ketingstrategien entwickelt und aus diesen die operative Umsetzung im Rahmen des Marketing-Mix.

Aufgabe 3

Während operative Marketingziele kurzfristig erzielbar sind, stellen strategi-sche Marketingziel langfristige Ziele dar.

Aufgabe 4

Strategische Marketingziele sind beispielsweise:

- Beispiele für Marktdurchdringung:

    o Erhöhtes Cross-Selling, um bestehende Kunden weiter zu binden,

    o Neukundengewinnung,

    o Abwerbung von Kunden von Mitbewerbern.

- Beispiele für die Markterschließung:

o Erschließung neuer Absatzgebiete oder neuer Verwendungsbereiche,

o Erweiterung des Produktsortiments,

o Angebot an neue Zielgruppen.

Aufgabe 5

Typische operative Marketingziele sind beispielsweise

- Umsatz

- Deckungsbeitrag

- Absatz

- Preise und

- Marktanteile.

Diese Ziele werden abgeleitet aus den unternehmerischen Oberzielen, die beispielsweise Rentabilitätsziele sein können.

Aufgabe 6

Marketingstrategien beinhalten langfristige, globale Verhaltenspläne zur Erreichung der Marketingziele eines Unternehmens.

Aufgabe 7

Unter der Marktsegmentierung versteht man die die Aufteilung eines Gesamtmarktes in Untergruppen. Dabei ist der Anspruch zu stellen, dass die Unter- gruppen bezüglich ihrer Marktreaktion intern homogen und untereinander he- terogen reagieren.

Aufgabe 8

Die Marktsegmentierung besteht aus folgenden Schritten:

1. Markterfassung,

2. Marktaufteilung und

3. Marktbearbeitung

Nach der Marktbearbeitung wird das Marktsegment mit den geeigneten Mar- ketinginstrumenten bearbeitet.

Aufgabe 9

Unter einer Wettbewerbsstrategie versteht man eine am Wettbewerber orien- tier- te Geschäftspolitik, wobei man versucht, die Branchenposition zu verbes- sern. Typische Instrumente sind:

- die Kostenführerschaft oder

- die Differenzierung.

Bei der Kostenführerschaft versucht das Unternehmen, der kostengünstigste An- bieter einer Branche zu werden. Bei der Differenzierung versucht man hin- gegen, sich mit seinen Produkten gegenüber dem Wettbewerb zu differenzie- ren.

Aufgabe 10

Unter dem Produktlebenszyklus versteht man den Prozess zwischen der Marktein- führung bzw. Fertigstellung eines marktfähigen Gutes und seiner Herausnahme aus dem Markt. Man unterteilt dabei das „Leben" des Produktes in folgende vier Phasen:

- Entwicklung und Einführung,

- Wachstum,

- Reife/Sättigung und

- Schrumpfung/Degeneration mit anschließender Produktelimination.

Aufgabe 11

Die Portfolio-Analyse stammt aus der Finanzwirtschaft und wurde ursprünglich für die Ermittlung des optimalen Portfolios geschaffen.

Die Boston Consulting Group (BCG) hat hieraus das Marktwachstum- Marktanteil- Portfolio entwickelt, das anhand der Kriterien Marktwachstum und Marktanteil die Geschäftseinheiten eines Unternehmens einordnet.

Folgende Empfehlungen bestehen für die vier Felder der Matrix:

- Cash-cows: Gewinne abschöpfen

- Stars: Marktanteil halten oder ausbauen

- Fragezeichen: bei hohem Wachstum ist der Marktanteil noch niedrig. Hier liegen die Zukunftshoffnungen des Unternehmens

- Arme Hunde: Marktanteil senken oder Geschäftseinheit veräußern

Aufgabe 12

1. der brancheninterne Wettbewerb

2. Verhandlungsmacht der Abnehmer

3. Verhandlungsmacht der Lieferanten

4. Bedrohung durch Ersatzprodukte

5. Bedrohung durch neue Anbieter

Aufgabe 13

Ziel der Konkurrenzanalyse ist es, mittels der Informationen über die Konkurrenten eine Abgrenzung zu diesen zu erreichen. Indem man die relevanten Informationen über die Konkurrenten beschafft und auswertet, soll ein Einblick in deren Wettbewerbsstärke gefunden werden.

Aufgabe 14

Marketinginstrumente sind diejenigen Marketingmaßnahmen, mit denen ein Unternehmen Zielgruppengerecht das Marketing gestaltet. Es werden die Produkte nach den Bedürfnissen der Zielgruppe gestaltet oder der Vertrieb adäquat aufgebaut.
Die gängigsten Marketinginstrumente sind:

- die Produkt- und Sortimentspolitik,

- die Distributionspolitik,

- die Kommunikationspolitik und

- die Preispolitik.

Aufgabe 15

Ziel der Produktpolitik ist es, den Bedürfnissen und Wünschen der Kunden entsprechende Produkte und Dienstleistungen anzubieten. Zur Produktpolitik gehören alle Instrumente, die mit der Auswahl und Weiterentwicklung eines Produktes sowie dessen Vermarktung zusammenhängen

Aufgabe 16

Folgende Aufgaben sind Teil der Produktpolitik:

- Produktgestaltung

- Programm- und Sortimentspolitik

    o Produktinnovation

        o Produktvariation

    o Produktdiversifikation

    o Produktelimination

- Servicepolitik

Aufgabe 17

Zur Produktgestaltung zählen alle Maßnahmen, die das äußere Erschei- nungsbild eines Erzeugnisses im Hinblick auf Qualität, Form und Verpackung beeinflussen, um damit die Nachfrage zu steigern. Damit ist die Produktgestal- tung gleichzeitig ein wesentlicher Kostentreiber, durch dessen gezielte Steue- rung nicht nur der Absatz verbessert werden kann, sondern auch die Produkti- on rationalisiert wer- den kann.

Aufgabe 18

- Produktinnovationen: neue, innovative Produke werden etabliert. Hier geht es darum, wirklich neue Produkte zu schaffen. Ein Beispiel ist beispielswei- se das iPhone. Man unterscheidet hier angebots- und nachfrageinduzierte Produktin- novationen, d. h. man geht von der Frage aus, ob die Nachfrager das Produkt „gewollt" haben oder ob es sich aus technologischen Weiter- entwicklungen ergeben hat. Von einer Marktinnovation spricht man, wenn der „Markt" für das Produkt komplett neu geschaffen wurde;

- Produktvariationen: bestehende Immobilien werden anders genutzt, bei- spiels- weise alte Fabriken als Hotels;

- Produktdiversifikation: Produkte werden aus Bereichen angeboten, die bis- lang nicht im Produktportfolio waren;

- Produktelimination: bestehende Produkte werden vom Markt genommen, da sie entweder nicht erfolgreich sind oder durch andere Produkte ersetzt werden.

Aufgabe 19

Zur Preispolitik gehören alle Instrumente, durch die über die Preisbildung Kaufanreize gestellt werden sollen.

Aufgabe 20

Mit der kostenorientierten Preisgestaltung wird der Preis berechnet, der min- destens für ein Produkt genommen werden muss. Er wird aus den Instrumen- ten der Kostenabrechnung abgeleitet.

Aufgabe 21

Bei der konkurrenzorientierten Preisgestaltung wird der Preis aus den Preisen der Konkurrenz abgeleitet. Damit wird der optimale Preis ermittelt.

Aufgabe 22

$$\frac{relative\,Mengen\ddot{a}nderung}{relative\,\text{Pr}\,eis\ddot{a}nderung} \times -1$$

Eine geringe Elastizität bedeutet, dass selbst bei relativ starker Preisvariation nur eine geringe Mengenveränderung eintritt. Dies bedeutet beispielsweise eine Präferenz des Kunden für den Anbieter.

Aufgabe 23

Unter Preisdifferenzierung versteht man eine Preispolitik, in der die gleiche Leistung zu unterschiedlichen Preisen angeboten wird. Diese Differenzierung kann zeitlich, räumlich, personell oder sachlich begründet sein.

Aufgabe 24

Hierbei werden nach der Produkteinführung zunächst sehr hohe Preise ge- nommen, die danach fallen.

Aufgabe 25

Hierbei wird bei der Markteinführung ein günstiger Preis genommen, der mit steigender Bekanntheit ansteigt.

Aufgabe 26

In der Regel wird der eigentliche Vertrieb durch den Außendienst vorgenommen, der vom Innendienst unterstützt wird.

Lösungen zu Personalwesen und Mitarbeiterrechte

1. A
Bei älteren Arbeitnehmern ist ein befristeter Arbeitsvertrag auch ohne sachlichen Grund bis fünf Jahre erlaubt.

2. B
Der Tarifvertrag, dem das Unternehmen U unterliegt, sieht Schriftform bei Arbeitsverträgen vor. U schließt mündlich einen Arbeitsvertrag mit A, will diesen aber kurze Zeit später nicht mehr anstellen und verweist auf den Tarifvertrag. Der Arbeitsvertrag sei nichtig, da nicht schriftlich abgeschlossen, wie es im Tarifvertrag verlangt wird. Stimmt dies?

3. D

4. B
Nein, da Tarifverträge vom Rangprinzip höher gestellt sind als Arbeitsverträge

5. A
Ja, insbesondere das Recht der obersten Bundesgerichte

6. D
7. B
8. D
9. C
10. A

11. A
Die Selektionsmöglichkeit ist im Internet groß - also Vorteil

12. C
Die Datensicherheit ist im Internet eher gering

13. A
Bei diesem Umfang ist eine außerordentliche Kündigung gerechtfertigt.

14. B
Nein, eine außerordentliche Kündigung bei Lohnrückstand ist nur bei Aufforderung zur Zahlung rechtens.

15. C
16. D
17. D
18. A
19. B
20. D
21. C
22. B
23. B
24. A

25. A
Gemäß § 14 Abs. 2a TzBfG ist bei Existenzgründern eine Befristung bis vier Jahre erlaubt.

26. B
Gemäß § 14 Abs. 2 TzBfG ist ohne sachlichen Grund eine Befristung von maximal zwei Jahren erlaubt. Dies ist hier erfüllt. Allerdings sind maximal drei Verlängerungen zulässig. Da es hier vier Verlängerungen gab, ist die Befristung nicht rechtens.

27. B
Da ein Arbeitsvertrag bereits mündlich abgeschlossen werden kann, ist der Tarifvertrag nicht entscheidend.

28. C
Gemäß § 74 Abs. 1 HGB ist die Schriftform notwendig.

29. B
Arbeitsverträge unterliegen keiner Form.

30. B
31. D
32. B
33. D
34. A

35. B
Technologiewandel ist ein externer Faktor der Personalplanung.

36. C
37. A
38. C

39.

✓ Unternehmensbedürfnisse: optimale Versorgung mit geeigneten Mitarbeitern
✓ Mitarbeiterbedürfnisse: Gerechte Entlohnung bei guten Arbeitsbedingungen

40.

✓ Planung des Personalbedarfs
✓ Personalbeschaffung
✓ Personaleinsatz
✓ Freisetzung von Personal
✓ Personalentwicklung
✓ Personalführung
✓ Personalentlohnung
✓ Personalorganisation

✓ Personalbeurteilung

41.
✓ Personal ist ein Arbeitsträger
✓ Personal ist Kostenverursacher
✓ Personal ist Bündnispartner
✓ Personal ist Entscheidungsträger
✓ Personal ist engagiertes Individuum

42.
✓ Arbeiter: vorrangig körperliche Arbeiten
✓ Angestellte: hauptsächlich geistige Arbeit
✓ Leitende Angestellte: besitzen bestimmte Vollmachten, Übertragung von
✓ Arbeiten mit hoher Verantwortung

43.
✓ Geschäftsleitung
✓ Vorgesetzte
✓ Betriebsrat
✓ Personalabteilung

44.
✓ Hauptziel: Wirtschaftlichkeit, Sozialziele
✓ Nebenziele: Deckung des erforderlichen Mitarbeiterbedarfs in Quantität, Qualität,
✓ Zeit und Ort, Steigerung der Arbeitsleistung

45.
✓ Personalpolitik: Formulierung von Unternehmenskultur, Unternehmensethik, Unternehmensidentität
✓ Bereiche: Mitarbeiterführung, Mitbestimmung, Qualifizierung, Selbstverwirklichung, Wertschätzung

46.
✓ Einteilung erfolgt in Abhängigkeit der Unternehmensgröße und Struktur
✓ Grundlegend zu beachten ist die Einteilung als zentrale Funktionseinheit, die in der Hierarchieebene hoch angeordnet ist

47. Einfachunterstellung der Linienorganisation (z.B. eine Stufe unter der kaufmännischen Leitung)

48. Personalwesen ist in der Entscheidungsbefugnis sowie der Delegation von Richtlinien stark eingeschränkt

49.
- ✓ Vorteile: Anforderungen jedes Geschäftsbereiches werden personalseitig erfüllt, Kontakt zu Mitarbeitern wird gehalten
- ✓ Nachteil: aufwändige Kontrolle des Personalwesens aufgrund vieler eigener Personalwirtschaftskonzepte

50.
- ✓ Cost- Center: Detaillierte Analyse der Personalkosten wird möglich sowie Feststellung und Beseitigung von Ineffizienz des Personalwesens
- ✓ Profit- Center: Personalabteilung mit der Vorgabe der Gewinnerzielung

51.
- ✓ Zielorientierung
- ✓ Fachwissen
- ✓ Selbstständigkeit
- ✓ Arbeitserfüllung unter Einsatz der EDV
- ✓ Kooperationsfähigkeit
- ✓ Überzeugungskraft

52.
- ✓ Individuelles Arbeitsrecht: Rechtsbeziehungen, die sich aus dem individuellem Arbeitsverhältnis ergeben
- ✓ Kollektives Arbeitsrecht: Tarifvertragsrecht, dass für eine Gruppe von Arbeitnehmern verfasst wird

53.
- ✓ BGB: Basis des Arbeitsvertragsrechts
- ✓ HGB: Rechtliche Verhältnisse der kaufmännischen Angestellten im Handelsgewerbe
- ✓ Tarifverträge: schuldrechtliche Verträge zwischen Arbeitgeber und Arbeitnehmerverbänden

✓ Betriebsvereinbarungen: innerbetriebliche Vereinbarungen, die alle Arbeitsverhältnisse umfassen

54.

✓ Arbeitsverhältnis beschreibt das Rechtsverhältnis zwischen Arbeitgeber und Arbeitnehmer

✓ Arbeitsvertrag: Form des Dienstvertrages, der im BGB geregelt ist

55.

✓ Arbeitnehmerpflichten: Arbeitspflicht, Treuepflicht, Pflicht zur Verschwiegenheit

✓ Arbeitgeberpflichten: Lohnzahlungspflicht, Urlaubsgewährung, Fürsorgepflicht

56.

✓ Kündigung
✓ Tod oder Rente
✓ Aufhebungsvertrag
✓ Zeitablauf
✓ Anfechtung

57.

✓ Friedenspflicht: Verbot des Streikes während der Laufzeit des Tarifvertrages

✓ Einwirkungspflicht: Pflicht zur Einhaltung der Vereinbarungen

✓ Nachwirkungspflicht: Bestandsschutz der Regelungen nach Ablauf des Vertrages bis zur Neuregelung

58.

✓ Schaffung einer vertrauensvollen Zusammenarbeit und Vereinbarung von Sitzungen mit dem Ziel der Einigung

✓ Einhaltung der Friedenspflicht

✓ Keine Bevor- oder Benachteiligung der Mitglieder des Betriebsrates

✓ Gewerkschaften haben eine Unterstützungsfunktion

59.

✓ Soziale Angelegenheiten

Elemente:

✓ Betriebsordnung
✓ Arbeitszeit- und Pausenregelungen
✓ Aufstellung des Urlaubsplanes
✓ Regelungen zur Verhütung von Arbeitsunfällen
✓ Sozialeinrichtungen des Betriebes (Kantine)

60.

- ✓ 1. Instanz: Arbeitsgericht
- ✓ 2. Instanz: Landesarbeitsgericht
- ✓ 3. Instanz: Bundesarbeitsgericht

Lösungen zu Rechtliche und steuerliche Grundlagen

1. B

Gemäß § 269 Abs. 1 BGB handelt es sich um eine Holschuld.

2. B

Eine Willenserklärung wird mit Zugang wirksam (§ 130 Abs. 1 Satz 1 BGB). Die Unwirksam besteht dann, wenn gemäß § 130 Abs. 1 Satz 2 BGB dem Empfänger vorher oder gleichzeitig ein Widerruf zugeht. Dies ist hier der Fall, da der Widerruf vor dem Zugang der Kündigung dem B zugeht. Die Lage im Posteingangskorb ist unerheblich.

3. D

C erhält als Pflichtteil die Hälfte des gesetzlichen Erbbteils (1/2 = 500.000 €) = 250.000 €

4. B

Da die Abtretung nicht offengelegt wurde, ist B durch die Zahlung gemäß § 407 Abs. 1 BGB frei.

5. A

C kann gemäß § 433 BGB in Verbindung mit § 128 HGB Zahlung von B verlangen, da dieser als Gesellschafter einer OHG (§ 105 Abs. 1, § 1 Abs. 2, § 123 Abs. 2 HGB) nach § 128 HGB persönlich haftet.

6. C

Gemäß § 1931 Abs. 4 BGB erbt B 1/3.

7. C

Gemäß § 23 Nr. 1 und 71 GVG ist das Landgericht in W zuständig.

8. A

Gemäß § 23 Nr. 2a GVG und § 29a ZPO ist das Amtsgericht in W zuständig.

9. D

Die Gesellschafter haften gemäß § 421 BGB gesamtschuldnerisch. C haftet gemäß § 736 Abs. 2 BGB i.V.m. § 160 HGB aufgrund der 5-Jahresfrist auch in 05 noch für das Darlehen. D haftet gemäß § 130 HGB auch für die vor seinem Eintritt begründeten Darlehensverbindlichkeiten.

10. B

Beschränkt geschäftsfähig ist gemäß § 106 BGB eine Person, die das siebente Lebensjahr, aber noch nicht das 18. Lebensjahr vollendet hat.

11. B

B kann von G keine Zahlung verlangen, da G nach § 407 Abs. 1 BGB frei geworden ist, indem er aufgrund der Unkenntnis der Zession die Zahlung an den Zedenten geleistet hat.

12. D

Eine mehrfache Verpfändung ist möglich. A hat ein Pfandrecht durch die AGB, wobei eine Anzeige nach § 1280 BGB nicht nötig ist. B und C haben das Pfandrecht durch die Verpfändungen. Diese Verpfändungen sind durch § 1280 BGB angezeigt, wobei C durch § 164 BGB im Namen des X aufgetreten ist.

13. C

Eine mehrfache Verpfändung ist möglich. A hat ein Pfandrecht durch die AGB, wobei eine Anzeige nach § 1280 BGB nicht nötig ist. B und C haben das Pfandrecht durch die Verpfändungen. Diese Verpfändungen sind durch § 1280 BGB angezeigt, wobei C durch § 164 BGB im Namen des X aufgetreten ist.

Entscheidend ist die Reihenfolge der Anzeige. A hat das älteste Pfandrecht, C das zweite (Anzeige am 15.6.), B das dritte (Anzeige am 12.7.).

14. C

Gemäß § 1967 BGB haftet der Erbe auch für die Nachlassverbindlichkeiten. Gemäß § 2058 BGB haften mehrere Erben als Gesamtschuldner. § 421 BGB erlaubt dabei dem Gläubiger, die Leistung nach Belieben von einem einzelnen Schuldner ganz oder in Teilen zu fordern. Damit kann K 400.000 € von D verlangen.

15. B

Da Mary nur beschränkt geschäftsfähig ist, ist die Zustimmung der Eltern erforderlich. Die Mittel standen nicht für das Handy, sondern für Turnschuhe zur Verfügung.

16. A

Gemäß § 490 Abs. 1 BGB besteht die Möglichkeit der fristlosen Kündigung, wenn in den Vermögensverhältnissen des Darlehensnehmers oder in der Werthaltigkeit einer gestellten Sicherheit eine wesentliche Verschlechterung eintritt oder einzutreten droht.

17. C

Während bei der stillen Zession ein Kunde nichts von der Abtretung erfährt, muss er bei der offenen Zession direkt an die Bank zahlen.

18. C

Eine öffentlich-rechtliche Anstalt ist eine juristische Person des öffentlichen Rechts.

19. A

Natürliche Person ist jeder Mensch

20. A

Geschäftsunfähig ist gemäß § 104 BGB eine Person, die das siebente Lebensjahr noch nicht vollendet hat.

21. A

Bei Anspruch auf Erfüllung und Anspruch auf Schadensersatz hat der Gläubiger sowohl den Anspruch auf Schadensersatz als auch auf Erfüllung.

22. A

Gemäß § 107 BGB ist ein beschränkt geschäftsfähiger Minderjähriger bei nicht lediglich vorteilhaften Willenserklärungen von der Zustimmung der Eltern abhängig. Da ein Konto mit Kosten verbunden ist, also nicht lediglich vorteilhaft ist, bedarf die Kontoeröffnung der Zustimmung der Eltern.

23. D

Gemäß § 497 Abs. 1 Satz 3 BGB können bei einem Immobiliendarlehensvertrags gemäß § 492 Abs. 1a Satz 2 BGB hier vorliegt, nur 2,5% über Basiszins als Verzugszinsen verlangt werden.

24. C

Gemäß § 128 Satz 2 HGB ist eine Regelung, die von § 128 Satz 1 HGB abweicht, unwirksam. Damit gilt § 160 HGB, wonach A weiter in voller Höhe persönlich haftet.

25. C

Gemäß § 488 BGB hat K zunächst von der OHG den Kredit zurückzuverlangen. Gemäß § 128 HGB haftet aber A aber persönlich, da die OHG den Kredit nicht bedienen kann.

26. A

Da K den Vertrag wirksam nach § 123 BGB angefochten hat, steht ihm die Rückzahlung zu. Die Frist gemäß § 124 BGB wurde eingehalten. Rechtsfolge ist der § 142 BGB, wonach das getätigte Geschäft von Anfang an nichtig gewesen ist.

27. D

Abteilung IV gibt es nicht.

28. D

Natürliche Personen sind grundsätzlich rechtsfähig, Vereine mit der Eintragung. Personengesellschaften in der Form der OHG sind ebenfalls rechtsfähig. Nicht rechtsfähig ist eine Erbengemeinschaft. Diese können nur durch die beteiligten Personen handeln.

29. D

Vermietung ist kein Nießbrauch

30. C

Gemäß § 134 BGB ist ein solches Rechtsgeschäft nichtig, sofern sich nicht aus dem Geschäft ein anderes ergibt.

31. D

Eine Stellvertretung setzt eine Vollmacht gerade nicht voraus

32. B

Es gilt § 15 Abs. 3 HGB, wonach die unrichtige Eintragung umwirksam ist. K wurde auf die Unrichtigkeit von A aufmerksam gemacht.

33. A

Gemäß § 124 und 128 HGB kann sich D an jeden Gesellschafter wenden, wenn er eine Anspruchsgrundlage hat. Dies ist hier wegen §§ 823 Abs. 1, 823 Abs. 2, 280 Abs. 1 und 241 Abs. 2 BGB zu bejahen. Die OHG haftet für A wegen § 31 BGB.

34. B

C und D zahlen bis zur Höhe der Einlage unmittelbar (§ 171 HGB). Entscheidend ist die im Handelsregister eingetragene Einlage (§ 172 HGB). Damit kann sich K nicht an C und D wenden.

35. D

C und D zahlen bis zur Höhe der Einlage unmittelbar (§ 171 HGB). Damit zahlt jeder 15.000 € und beide zusammen damit 30.000 €.

36. D

Gemäß §§ 114 bis 116 HGB jeder Gesellschafter, es sei denn, der Gesellschaftsvertrag regelt etwas anderes

37. B

Der Komplementär haftet persönlich, der Kommanditist nicht.

38. A

Vor Registereintragung haften Komplementär und Kommanditist beide unbegrenzt

39. A

Berechtigt ist ein Kommanditist wie ein Komplementär generell zur Geschäftsführung. Der Kommanditist ist allerdings von der Geschäftsführung ausgeschlossen, wenn der Gesellschaftsvertrag nichts Spezielles regelt.

40. A

Gemäß § 130 HGB haftet der neue Gesellschafter auch für alle bestehenden Verbindlichkeiten

41. B

Einzelkaufleute werden nur in Abteilung A eingetragen

42. C

KGaA sind Kapitalgesellschaften und werden nur in Abteilung B eingetragen

43.C

Versicherungsvereine werden nur in Abteilung B eingetragen

44. B

Gemäß § 48 Abs. 1 HGB nicht.

45. D

Ein Scheinkaufmann ist, wer nach außen durch sein Auftreten den Rechtsschein erweckt, Kaufmann zu sein.

46. B

Nein, da die Bürgschaftserklärung im Original dem Gläubiger ausgehändigt werden muss.

47. B

Die Grundschuldbestellung ist gemäß § 105 Abs. 2 BGB unwirksam.

48. D

Bei der Nachbürgschaft steht ein Nachbürge für die Verpflichtung eines Erstbürgen ein.

49. B

Ein Eigentumsvorbehalt ist eine Realsicherheit

50. B

Eine Garantie ist eine Personalsicherheit.

51.

Wenn zwei oder mehr inhaltlich übereinstimmende Willenserklärungen abgegeben werden.

52.

§ 434 BGB legt fest: Die Sache ist frei von Sachmängeln, wenn sie bei Gefahrübergang die vereinbarte Beschaffenheit hat. Soweit die Beschaffenheit nicht vereinbart ist, ist die Sache frei von Sachmängeln,

1. wenn sie sich für die nach dem Vertrag vorausgesetzte Verwendung eignet, sonst 2. wenn sie sich für die gewöhnliche Verwendung eignet und eine Beschaffenheit aufweist, die bei Sachen der gleichen Art üblich ist und die der Käufer nach der Art der Sache erwarten kann.

Zu der Beschaffenheit gehören auch Eigenschaften, die der Käufer nach den öffentlichen Äußerungen des Verkäufers, des Herstellers oder seines Gehilfen insbesondere in der Werbung oder bei der Kennzeichnung über bestimmte Eigenschaften der Sache erwarten kann, es sei denn, dass der Verkäufer die Äußerung nicht kannte und auch nicht kennen musste, dass sie im Zeitpunkt des Vertragsschlusses in gleichwertiger Weise berichtigt war oder dass sie die Kaufentscheidung nicht beeinflussen konnte.

53.

Das dingliche Recht aus einem Grundstück. Die Grundschuld bleibt unabhängig von der Höhe der tatsächlichen (Rest-) Schuld bestehen, d. h. ist nicht an einen Kredit direkt gebunden.

54.

Ebenfalls ein dingliches Recht aus einem Grundstück. Im Gegensatz zur Grundschuld sinkt die Hypothek aber mit Tilgung einer Forderung. Die Hypothek erlischt mit Tilgung der Forderung. Sie ist damit direkt an das Bestehen der Forderung gebunden.

Lösungen zu Gründung / Planung / Organisation

1. A

2. D

3. C

4. C

5. D

6. A

Milchkühe können nicht mehr ausgebaut werden, sondern nur noch erhalten oder geerntet werden

7. C

Wareneinsatz = 20.000 Stück á 800 € = 16 Mio. €

Rohgewinn = 30 Mio. € - 16 Mio. € = 14 Mio. €

8. B

Wareneinsatz = 20.000 Stück á 800 € = 16 Mio. €

Rohgewinn = 30 Mio. € - 16 Mio. € = 14 Mio. €

Handelsspanne = 14 Mio. € / 30 Mio. € = 46,7%

9. B

10. B

11. A

12. A

13. B

14. A

15. D

16. C

17. D

18. C

19. B

20. A

21. B

22. Unternehmungen sind Organisationen, Unternehmungen haben eine Organisation, Unternehmungen werden organisiert

23. Organisationen sind zielgerichtete Systeme, Unternehmen sind ebenfalls soziale Gebilde mit Zielausrichtung und somit im engeren Sinne eine Organisation

24. Prinzipien der Organisation: Teilung und Einung (Teilung der Hauptaufgabe in Teilaufgaben und Arbeitsvorgänge); Instrument: Koordination ist das grundsätzliche Prinzip für eine erfolgreiche Organisation

25. Formal: Struktur, die durch die Unternehmung bewusst geschaffen wurde und an der sich alle orientieren können; Informale: Nicht offensichtlich sichtbare, soziale Strukturen, die durch Ziele, Vorstellungen und Sympathien geprägt sind

26. Wiederholbarkeit, Vorhersehbarkeit, Aufgabenträger

27.
⇨ Funktionsplanung – Aufgabendefinition, Beteiligung der fachlichen Stellen prüfen
⇨ Planung des Ortes- Wo fallen die Aufgaben an
⇨ Kostenplanung- Ressourcenmanagement
⇨ Zeitplanung- Dauer der Abläufe planen, Endtermine setzen
⇨ Ergonomie- Schaffung möglichst geringer Arbeitnehmerbelastungen

28.
⇨ Minimierung der Bearbeitungs- und Produktionszeiten
⇨ Optimale Kapazitätsauslastung
⇨ Soziale Komponenten für Mitarbeiter schaffen
⇨ Minimierung der Kosten

29. Erfassung der Zeit, Daten müssen aufgearbeitet werden können für die Entlohnung und in der Personalabteilung zur Verfügung stehen, Fähigkeit zur Ermittlung von Sollzeiten

30.
⇨ Organisationsschaubild, das die Aufbauorganisation des Unternehmens darstellt
⇨ Vertikal: Abbildung der Hierarchie einer Organisation
⇨ Horizontal: Abbildung der Abteilungen und Bereiche

31.
- ⇨ Stellenbeschreibung
- ⇨ Dienstgrad
- ⇨ Unterstellung
- ⇨ Weisungsbefugte
- ⇨ Zielvereinbarung
- ⇨ Stellvertretung
- ⇨ Aufgabenbereiche
- ⇨ Verantwortungen/Befugnisse

32.
- ⇨ Organisationseinheit: enthält die Angabe der Aufgabe, der aufgabenerfüllenden Menschen und der benötigten Mittel
- ⇨ Stelle: kleinste organisatorisch zu definierende Organisationseinheit
- ⇨ Arbeitsplatz: Aufgabenerfüllung durch eine Person

33.
- ⇨ Vereinbarkeit der Ober- und Unterziele
- ⇨ Zielvorgabe muss klar, exakt, deutlich, realistisch, flexibel sein
- ⇨ Einbeziehung der Mitarbeiter in die Zielvereinbarung
- ⇨ Kontrolle der Ziele

34.
- ⇨ Motivationsprobleme bei Vereinbarung von unrealistischen Zielen
- ⇨ Zu starre Kontrolle und Fixierung auf Vereinbarungen
- ⇨ Ausschluss von kreativem Entwicklungspotenzial

35.
- ⇨ Innere Motivation: persönlicher Lern-, bzw. Leistungswille
- ⇨ Äußere Motivation: Anreizsetzung durch Vorgesetzten: Sozialanreize,
- ⇨ Lohnanreize

36.
- ⇨ Einliniensystem: Weisungsempfang nur von einer übergeordneten Organisationseinheit
- ⇨ Mehrliniensystem: Organisationseinheit wird von zwei oder mehreren übergeordneten Organisationseinheiten geleitet

37. Aus der Idee der Kombination von funktionaler Organisation und Geschäftsbereichsorganisation

38. Vorteile: Konzentration auf enges Aufgabenfeld, Förderung der Gruppenarbeit, Trennung fachlicher und hierarchischer Kompetenzen
Nachteile: Konflikte durch Machtansprüche und aufeinandertreffender Kompetenzen, träge Entscheidungsfindung, aufwendige Kommunikation

39. Gleichartige Gruppierungen von Produkten und Dienstleistungen mit bestimmter Zielgruppe; Einheiten mit spezieller Aufgabe oder Spezialisierung, die Wettbewerbsvorteile gewährleisten

40.
⇨ Charismatischer Führungsstil
⇨ Patriarchalischer Führungsstil
⇨ Autokratischer Führungsstil
⇨ Kooperativer Führungsstil
⇨ Bürokratischer Führungsstil

41. Aufgabe, in einer systematischen Analyse eine vergangenheitsbezogene quantitative und qualitative Beurteilung und eine zukunftsbezogene Abklärung des Leistungspotenzials vorzunehmen

42.
⇨ Allgemeine und langfristig wirksame Entscheide, die das Verhalten des Unternehmens bestimmen
⇨ Unternehmenspolitik legt fest: oberstes Zielsystem, Leistungspotenzial, Unternehmensstrategie intern und extern, Einstellungen, Werte

43.
⇨ Optimale Nutzung der Ressourcen
⇨ Aktive Pflege der Wissensbasis
⇨ Kontrolle und Steuerung der Wissensarbeiter
⇨ Förderung des Wandlungsprozesses von implizites zum expliziten Wissen

44.
⇨ Ziele und Erwartungen formulieren
⇨ Erteilung von Anweisungen
⇨ Rückmeldungen empfangen und auswerten, Bedürfnisse ermitteln
⇨ Motivationsfunktion, Anreizsetzung

45.
⇨ Unternehmensbedürfnisse: optimale Versorgung mit geeigneten Mitarbeitern
⇨ Mitarbeiterbedürfnisse: Gerechte Entlohnung bei guten Arbeitsbedingungen

46.
⇨ Planung des Personalbedarfs
⇨ Personalbeschaffung
⇨ Personaleinsatz
⇨ Freisetzung von Personal

⇨ Personalentwicklung

⇨ Personalführung

⇨ Personalentlohnung

⇨ Personalorganisation

⇨ Personalbeurteilung

47.

⇨ Arbeiter: vorrangig körperliche Arbeiten

⇨ Angestellte: hauptsächlich geistige Arbeit

⇨ Leitende Angestellte: besitzen bestimmte Vollmachten, Übertragung von Arbeiten mit hoher Verantwortung

48.

⇨ Hauptziel: Wirtschaftlichkeit, Sozialziele

⇨ Nebenziele: Deckung des erforderlichen Mitarbeiterbedarfs in Quantität, Qualität, Zeit und Ort, Steigerung der Arbeitsleistung

49.

⇨ Personalpolitik: Formulierung von Unternehmenskultur, Unternehmensethik, Unternehmensidentität

⇨ Bereiche: Mitarbeiterführung, Mitbestimmung, Qualifizierung, Selbstverwirklichung, Wertschätzung

50.

⇨ BGB: Basis des Arbeitsvertragsrechts

⇨ HGB: Rechtliche Verhältnisse der kaufmännischen Angestellten im Handelsgewerbe

⇨ Tarifverträge: schuldrechtliche Verträge zwischen Arbeitgeber und Arbeitnehmerverbänden

⇨ Betriebsvereinbarungen: innerbetriebliche Vereinbarungen, die alle Arbeitsverhältnisse umfassen

51.

⇨ Arbeitsverhältnis beschreibt das Rechtsverhältnis zwischen Arbeitgeber und Arbeitnehmer

⇨ Arbeitsvertrag: Form des Dienstvertrages, der im BGB geregelt ist

52.

⇨ Soziale Angelegenheiten

⇨ Elemente:

    o Betriebsordnung

    o Arbeitszeit- und Pausenregelungen

    o Aufstellung des Urlaubsplanes

    o Regelungen zur Verhütung von Arbeitsunfällen

    o Sozialeinrichtungen des Betriebes (Kantine)

53.

1. Instanz: Arbeitsgericht

2. Instanz: Landesarbeitsgericht

3. Instanz: Bundesarbeitsgericht

54.

⇨ Personalbestand ist Ausgangspunkt für die Planung

⇨ Unterteilung in quantitative und qualitative Personalbedarfsplanung

55.

⇨ Faktor: Gesamtwirtschaftliche Entwicklung; Auswirkungen: Absatzveränderungen des Unternehmens

⇨ Faktor: Arbeitsrechtsänderungen; Auswirkungen: Arbeitszeitregelungen der Arbeitnehmer

⇨ Faktor: Technologie; Auswirkungen: Nutzung veränderter Produktionstechnologien

56.

⇨ Bedarf aller Personen zur Leistungserstellung

⇨ Zusammensetzung aus Einsatzbedarf und Reservebedarf

57.

⇨ Ersatzbedarf: Anzahl der Mitarbeiter, die zusätzlich zum Ablauf des

⇨ Geschäftsjahres eingestellt werden müssen, um den Personalbestand zum Beginn des neuen Geschäftsjahres zu sichern

⇨ Berechnung: Ersatzbedarf= Voraussichtliche Abgänge – Voraussichtliche Zugänge

58.

⇨ Zeitraum: 3-5 Jahre

⇨ Berücksichtigung der technischen und organisatorischen Veränderungen in Verwaltung und Produktion

⇨ Planung unter Beachtung der geltenden Arbeits- und Sozialgesetze

59.

⇨ Schätzungen

⇨ Monetäre Verfahren

⇨ Personalbemessungsmethoden

⇨ Organisatorische Verfahren

⇨ Statistische Verfahren

60.

⇨ Stellenplanmethode

⇨ Arbeitsplatzmethode

61.

⇨ Personalstatistik- Personalbestand

⇨ Altersstatistik: Altersstruktur

⇨ Fluktuationsstatistik: Personalabgänge und Gründe

62.

⇨ Bedarfsdeckung ohne Umsetzung: Mehrarbeit, Überstunden,

⇨ Urlaubsverschiebung, Arbeitszeitverlängerung, Qualifizierung, Umschulung

⇨ Bedarfsdeckung mit Personalbewegung: Versetzung durch Änderungsvertrag, Innerbetriebliche Neubesetzung, Personalentwicklung

63.

⇨ Aktive Beschaffung durch Stellenanzeige, Internetnutzung, Personalberater, Öffentlichkeitsarbeit

⇨ Passive Beschaffung durch Arbeitsverwaltung, Bewerberkartei

64.

⇨ Einstellungsdatum, Probezeit, Arbeitszeit, Urlaubsregelungen, Kündigungsfristen

⇨ Art der Tätigkeit, Vollmachten, Verpflichtungen zur Mehrarbeit,

Versetzungsvorbehalte

⇨ Entlohnung, Auszahlung der Entlohnung, Zusatzlohn, Erfolgsbeteiligung, Altersversorgung

⇨ Nebentätigkeiten, Schweigepflichten

65.

⇨ Bestimmung der beschäftigten Personen zu den einzelnen Stellen

⇨ Unternehmensbezogenes Ziel: Optimale Kosten- Leistungsrelation

⇨ Mitarbeiterbezogenes Ziel: Einsatz nach Fähigkeiten, Interessen, Bedürfnissen

66.

⇨ Stelle: Summe der Teilaufgaben, die dem Leistungsvermögen eines Aufgabenträgers entspricht, Stellenbildung ist unabhängig von einer Person, kleinste Organisationseinheit, auf Dauer angelegt

⇨ Stellenplan: Summe aller im Unternehmen gebildeten Stellen

67.

⇨ Gestaltung des Arbeitsplatzes

⇨ Beschäftigungsverbote während der Schwangerschaft

⇨ Regelungen zur Mehrarbeit, Nachtschichten

⇨ Besonderer Kündigungsschutz

68. Qualifizierung aller Mitarbeiter für gegenwärtige und zukünftige Aufgaben und Herausforderungen

69.

⇨ Formulierung der Entwicklungsziele

⇨ Feststellung des Entwicklungsbedarfs

⇨ Bedarfsdeckung

⇨ Kontrolle über die Erreichung der Ziele

70.

⇨ Individuell: Berufsausbildung, Berufliche Fortbildung, Berufliche Umschulung

⇨ Kollektiv: Unternehmensentwicklung, Organisationsentwicklung, Unternehmenskultur

71.

⇨ Steigerung von Entfaltungs- und Entwicklungspotenzial

⇨ Verbesserter Entscheidungsspielraum

⇨ Erhöhte Mitbestimmungsrechte

72.

⇨ Aktive oder passive Methoden

⇨ Methoden für einzelne Arbeitnehmer oder für Gruppen

⇨ Interne oder externe Methoden

⇨ Methoden am Arbeitsplatz oder außerhalb des Arbeitsplatzes

73. Vermeidung und Beseitigung personeller Überkapazitäten bezogen auf zeitliche, örtliche, qualitative und quantitative Hinsicht

74.

⇨ Unternehmensinterne Ursachen: steigender Einsatz von Informationstechnologien zu Lasten der menschlichen Arbeit, Rationalisierungsprozesse

⇨ Unternehmensexterne Ursachen: Veränderte Umweltbedingungen, Absatzrückgang, Konjunkturelle Schwankungen

75.

- Vereinbarung befristeter Arbeitsverträge aufgrund unsicherer Absatzsituation als kurzfristige Abbaureserve

- Ständige Unterauslastung des Personalbestandes

76. Leistungsfähigkeit wird erheblich durch gesundheitliche Einschränkungen gemindert, Vorhandensein einer langfristigen Dauererkrankung, häufige krankheitsbedingte Fehlzeiten

Lösungen zur Finanzwirtschaft

Aufgabe 1

Die Finanzierungsarten lassen sich einerseits in Außen- und Innenfinanzierung und andererseits in Eigen- und Fremdfinanzierung gliedern:

	Außenfinanzierung	Innenfinanzierung
Finanzierungsarten		
Eigenfinanzierung	Beteiligungsfinanzierung (Einlagenfinanzierung)	Selbstfinanzierung (Gewinnthesaurierung)
	Subventionsfinanzierung	
Eigen- und Fremdfinanzierung		Finanzierung aus durch Vermögensverkauf freigesetzten Mitteln
		Sale-and-Lease-Back-Verfahren
		Factoring
		Forfaitierung
		Asset Backed Securities
		Swap-Geschäfte
		Finanzierung durch Rationalisierung
		Finanzierung aus Abschreibungsgegenwerten
Fremdfinanzierung	Kreditfinanzierung	Finanzierung aus Rückstellungen

Aus Sicht der Gesellschafter

Aus der Sicht der Gesellschaft

Aufgabe 2

	A	B
Fixkosten	70.000	120.000
Var. Kosten	240.000	180.000
Kalk. Abschr.	150.000	150.000
Kalk. Zinsen	30.000	30.000
Gesamtkosten	490.000	480.000

Investition B ist zu wählen, da bei gleicher Produktionsmenge geringere Kosten entstehen.

Aufgabe 3

	A	B
Fixkosten	70.000	120.000
Var. Kosten	240.000	180.000
Kalk. Abschr.	150.000	120.000
Kalk. Zinsen	30.000	30.000
Gesamtkosten	490.000	450.000

Investition B ist zu wählen, da geringere Kosten entstehen. Allerdings ist die Lösung nicht eindeutig, da Investition A eine geringere Nutzungsdauer aufweist und eine Erweiterung der Investition für das fünfte Jahr untersucht werden müsste. Da solche Angaben fehlen, ist eine eindeutige Antwort nicht ermittelbar.

Aufgabe 4

	A	B
Umsatz	600.000	800.000
Fixkosten	70.000	170.000
Var. Kosten	240.000	400.000
Kalk. Abschr.	150.000	150.000
Kalk. Zinsen	30.000	30.000

| Gesamtkosten | 490.000 | 700.000 |
| Gewinn | 110.000 | 100.000 |

Investition A ist eindeutig zu wählen, da ein höherer Gewinn erwartet werden kann.

Aufgabe 5

	A	B
Umsatz	600.000	800.000
Fixkosten	70.000	170.000
Var. Kosten	360.000	400.000
Kalk. Abschr.	100.000	150.000
Kalk. Zinsen	25.000	30.000
Gesamtkosten	555.000	750.000
Gewinn	45.000	50.000

Investition B ist zu wählen, da ein höherer Gewinn erwartet werden kann. Allerdings ist die Lösung nicht eindeutig, da bei Investition B der Gewinn nur vier Jahre erwartet werden kann und nicht fünf Jahre wie bei Investition A. Der Totalgewinn über die Gesamtnutzungsdauer liegt bei Investition A bei 225.000, bei Investition B nur bei 200.000. Wenn für das fünfte Jahr eine weitere Investition gefunden wird, die mehr als 25.000 Gewinn verspricht, sollte B gewählt werden, ansonsten A. Zudem ist bei B eine höhere Investition nötig, so dass für einen Vergleich die Alternativanlage für die 100.000 einzubeziehen ist, die anfangs weniger durch Investition A gebunden sind.

Aufgabe 6

	A	B
Umsatz	600.000	800.000
Fixkosten	70.000	120.000
Var. Kosten	240.000	400.000
Kalk. Abschr.	150.000	150.000

Kalk. Zinsen	30.000	30.000
Gesamtkosten	490.000	700.000
Gewinn	110.000	100.000
Durchschnittlich gebundenes Kapital	300.000	300.000
Rentabilität	$\frac{110.000}{300.000} = 36,7\%$	$\frac{100.000}{300.000} = 33,3\%$

Investition A ist eindeutig zu wählen, da eine höhere Rentabilität erwartet werden kann.

Aufgabe 7

	A	B
Umsatz	600.000	800.000
Fixkosten	70.000	200.000
Var. Kosten	360.000	400.000
Kalk. Abschr.	100.000	120.000
Kalk. Zinsen	25.000	30.000
Gesamtkosten	555.000	750.000
Gewinn	45.000	50.000
Durchschnittlich gebundenes Kapital	250.000	300.000
Rentabilität	$\frac{45.000}{250.000} = 18\%$	$\frac{50.000}{300.000} = 16,7\%$

Investition B ist nach der Gewinnvergleichsrechnung zu wählen, Investition A nach der Rentabilitätsvergleichsrechnung. Es stellt sich das Problem, dass für Investition A eine geringere Investitionssumme benötigt wird, so dass durchschnittlich 50.000 mehr Kapital für andere Investitionen zur Verfügung stehen. Wenn hieraus ein zusätzlicher Gewinn von mehr als 5.000 erwirtschaftet werden könnte, wäre Investition A vorzuziehen.

Aufgabe 8

Bei A wird die Anschaffungsauszahlung im sechsten Jahr amortisiert.
Nach fünf Jahren sind 750.000 eingezahlt, so dass mit der Zahlung im
sechsten Jahr von 300.000 die Anschaffungsauszahlung wieder erreicht
wird. Bei Investition B wird die Anschaffungsauszahlung dagegen erst im
siebten Jahr amortisiert. Nach sechs Jahren sind erst 6 × 150.000 =
900.000 eingezahlt, so dass die Zahlung im siebten Jahr die Amortisie-
rung sichert.

Aufgabe 9

Die Amortisationsdauer beträgt in beiden Fällen zwei Jahre. Hier zeigt
sich ein elementares Problem der Amortisationsdauer: Sie zeigt nicht
den Erfolg einer Investition an, sondern kann nur als Risikomaß dienen.

Aufgabe 10

Barwert = $-20.000 + \dfrac{5.000}{1,06} + \dfrac{5.000}{1,06^2} + \dfrac{5.000}{1,06^3} + \dfrac{13.000}{1,06^4} = 832,09$ €. Die Investition
lohnt sich.